Rendre la maison rentable

Kate V.Saint Maur

Writat

Cette édition parue en 2023

ISBN : 9789359251714

Publié par
Writat
email : info@writat.com

Contenu

UNE MAISON RENTABLE

IL y a tout juste seize ans que le malheur a opéré notre émancipation. Une entreprise commerciale désastreuse obligea à réduire les dépenses. Le loyer étant un poste particulièrement lourd, la chasse à un logement moins cher commença. Monter et descendre d'innombrables escaliers étouffants en compagnie de concierges sales a révélé le fait que les appartements bon marché étaient soit des casernes surpeuplées qui sentaient la mousse de savon sale et la cuisine rassis, soit des compartiments sur-décorés où les enfants étaient tabous. Soir après soir, pendant deux semaines, je rentrais chez moi fatigué et découragé.

Puis le hasard, sous la forme d'un spectacle de volailles, est venu à mon soulagement. Au lieu d'un appartement bon marché et de pièces semi-obscures, pourquoi pas une maison et un jardin, où nous pourrions avoir nos propres poules, œufs et légumes ? Les amis se moquaient ; et même mon mari, qui m'avait toujours rejoint dans la planification de la maison idéale de nos vieux jours, comme un endroit loin du bruit et de l'agitation de la ville, où nous pourrions assouvir notre amour des fleurs et des animaux, s'y est d'abord opposé, bien qu'il il finit par s'imprégner de mon enthousiasme et me dit d'aller de l'avant si je me sentais capable d'assumer les responsabilités que les devoirs de la ville empêcheraient évidemment de partager.

Il stipulait également que le transport vers et depuis son entreprise en ville, ainsi que toutes les autres dépenses, devraient être soumis à la nouvelle réduction des dépenses, qui limitait le loyer à vingt-cinq dollars par mois et l'allocation de ménage à douze dollars par semaine ; qu'aucun de nos capitaux très limités ne devrait être risqué, à l'exception de cent dollars pour couvrir les frais de déménagement, etc., et que même cette somme devrait être considérée comme un prêt. Pour satisfaire les idées prudentes et masculines d'équité de ce cher homme, j'ai pris vingt-quatre heures pour réfléchir aux conditions, puis, avec une gravité solennelle et pragmatique, j'ai accepté.

Une annonce minutieuse dans un journal du dimanche, déclarant clairement que nous voulions une petite ferme près de la ville et d'une gare ferroviaire, le loyer ne dépassant pas quinze dollars par mois, apporta des dizaines de lettres offrant toutes sortes d'endroits à toutes sortes de distances et de prix. , mais seulement six vraies réponses. Avec les auteurs de ces six lettres , j'ai correspondu ; étudié d'innombrables guides ferroviaires; fait plusieurs voyages infructueux; J'ai hésité à deux ou trois endroits, puis je suis tombé sur le bon endroit.

C'est comme choisir un nouveau chapeau ou un nouveau vêtement. Celui-là vous plaît, mais celui-là est plus seyant. Vous voyez soudain quelque chose de tout à fait différent : l'hésitation est terminée ; l'idéal inconscient est trouvé.

La maison était longue, basse et blanche, située au bout de la route, face à un jardin fleuri un peu négligé et démodé, qui bordait un verger de cinq acres délimité par une rivière. L'homme qui me conduisait ne savait pas à qui appartenait cet endroit. Je suis sorti, j'ai regardé par les fenêtres, j'ai remarqué qu'il y avait un large hall au centre et deux grandes cheminées à l'ancienne et beaucoup d'armoires bizarres.

Dehors, il y avait un bûcher, une cuisine d'été, un petit fumoir, une grange, une étable à vaches, un hangar à maïs et un poulailler. Ma destination initiale a été oubliée. J'ai été reconduit à la gare ; découvert qui était le propriétaire et où il habitait ; Je me suis rendu là-bas et j'ai constaté que la maison contenait quatre grandes pièces et une petite, une cuisine, un garde-manger et deux caves en bas, et cinq pièces et un grenier à l'étage.

Il y a cent quatre-vingts acres de terrain ou plus, mais le propriétaire le diviserait pour convenir à de bons locataires, ce qu'il pensait évidemment que nous serions, car par la suite nous nous sommes arrangés pour prendre la maison, les bâtiments, le verger, douze acres de terre agricole et quatre acres de terrain boisé sur un bail de trois ans, à un loyer de quinze dollars par mois, avec le privilège de prendre le reste du terrain à tout moment pendant notre location pour cinq dollars de plus par mois, et une option d'achat.

En réalité, cela semblait trop beau pour être vrai, car c'était à la distance prescrite de la ville et du dépôt, le prix de la commutation n'étant que de six dollars par mois. La rivière, le jardin à l'ancienne avec ses deux grands catalpas ombrageant la maison et la beauté du paysage environnant en faisaient presque une réalisation de notre maison idéale. Une joie reconnaissante remplissait nos cœurs avant même que nous ayons connu la glorieuse revigoration d'une vie industrieuse en plein air à la ferme, où chaque jour apporte un nouvel intérêt.

Tous nos biens et biens mobiliers, y compris deux chats et un canari, étaient emballés dans deux fourgons, qui leur faisaient parcourir vingt-huit milles pour trente dollars. Une cuisinière coûte trente-cinq dollars ; trois cuves de lavage, quatre lampes et quelques outils nécessaires ont absorbé vingt-cinq dollars supplémentaires ; et les dix derniers dollars sur cent ont été dépensés en nattes de paille, que nous avons réparties entre deux chambres.

Bien sûr, j'ai dû commencer tout en bas de l'échelle, en achetant uniquement avec l'argent que je pouvais économiser de semaine en semaine grâce à mon allocation de ménage. Quelques poules, quelques canards, progressivement en passant par la famille avicole, puis une couveuse et une couveuse, jusqu'à la dignité de cheval et de vache ; après son acquisition, la maison est devenue autonome, la troisième année montrant un bénéfice excédentaire.

Bien sûr, il y avait des difficultés et des ennuis à surmonter, mais ils étaient tous le résultat direct de ma propre ignorance. Un ami bien versé dans la construction de maisons de campagne, auprès duquel j'aurais pu acquérir une expérience par procuration, en aurait empêché la plupart. D'où mon désir de transmettre les enseignements pratiques, appris au cours des seize dernières années, au profit d'autres femmes.

Notre maison blanche à l'ancienne et notre jardin ombragé ne plairont peut-être pas à tout le monde , mais quels que soient les goûts individuels en matière d'architecture et d'environnement, certains points doivent être observés pour assurer la santé et le bonheur que nous désirons tous. La maison doit être située sur un terrain surélevé, avec un bon drainage souterrain. Comment être sûr de ce dernier point m'a intrigué, jusqu'à ce qu'un vieil agent immobilier, en réponse à mes éloges sur un endroit que nous traversions, me dise :

"Beau? Oui, mais c'est un piège mortel. Creusez un trou de six pieds de profondeur partout autour de la maison, et dans douze heures il y aura de l'eau au fond.

Inutile de dire que cet endroit ne figurait pas sur sa liste, mais l'indice était bon et a été retenu. Les prairies humides et les étangs de source ne suscitent peut-être aucune inquiétude, mais l'eau stagnante est dangereuse, car elle engendre des moustiques et le paludisme. Heureusement, il est généralement facile de l'abolir ; un homme valide muni d'une pelle peut généralement creuser une gouttière jusqu'à une chute proche dans la pente naturelle du terrain qui la drainera. Les moustiques ont été un de nos soucis pendant deux ans ; puis trois heures de travail bannirent leur vivier.

Comme c'est un foyer permanent, et non un camp d'été, qui est sélectionné, il est important de s'abriter des vents froids. La forêt sur notre terrain protégeait les granges, la maison et le verger. S'il n'y a pas de brise-vent naturel et que l'endroit est suffisamment satisfaisant pour que vous envisagiez de l'acheter plus tard, il sera sage de planter des arbres à croissance rapide, qui peuvent généralement être achetés pour peu ou rien dans le pays. et transplanté lorsqu'il est d'assez bonne taille. Les maisons de campagne bon marché n'ont pas de fournaise et, comme nous, vous n'aurez peut-être pas les moyens d'en acheter une avant un an ou deux.

Nous avons constaté que deux grands poêles, dont les tuyaux étaient disposés de manière à passer à travers le plafond et dans les radiateurs des pièces situées au-dessus, puis dans la cheminée, pouvaient chauffer quatre pièces. Le tuyau de la cuisinière peut être utilisé de la même manière. Les poêles fissurés et les briques réfractaires de mauvaise qualité gaspillent du combustible et de la chaleur, alors n'essayez pas d' économiser sur les poêles.

Nous avons toujours utilisé un foyer ouvert dans le salon, parce qu'il a l'air si agréablement confortable, et une porte à l'extrémité opposée de la pièce s'ouvre sur la salle à manger, permettant à l'air d'entrer et empêchant ainsi le dos froids qui sont l'inconvénient habituel d'un feu ouvert pittoresque.

L'un des avantages de dépendre des poêles est de pouvoir réguler la chaleur dans chaque pièce pour répondre à toutes les conditions. Notre appartement en ville était de la meilleure classe, mais aussi sûrement qu'une vague de froid supplémentaire arrivait, l'appareil de chauffage tombait en panne aussi sûrement. Une autre horreur était le « kling-kling » des tuyaux aux heures sombres et inquiétantes du matin, alors que tout être humain bien réglé devrait pouvoir dormir en paix.

Ayant beaucoup de bois, nous utilisions ce qu'on appelle des « poêles à morceaux hermétiques » à la place du charbon, sauf dans la cuisine. Et en vérité, nous n'avons jamais eu de difficulté à garder toute la maison *au chaud* par temps très rigoureux. Mais nous avons pris des précautions, comme par exemple garder le mastic autour des vitres en bon état. Nous avons utilisé des sacs de sable sur les rebords, des paillassons aux portes et du papier de construction rouge (qui n'a pas d'odeur) ou plusieurs épaisseurs de papier journal sous le revêtement de sol. Ensuite, nous avons ouvert la plupart des fenêtres pendant quelques minutes chaque matin et laissé entrer l'air frais.

Les gens s'extasient sur les plaisirs de la campagne en été, mais je pense que les citadins réalisent mieux les joies d'une maison de campagne en hiver. Nous avons trouvé quelque chose de délicieusement reposant dans le crépitement du feu de bois dans la cheminée ouverte, autour duquel toute la famille pouvait se réunir. Il y a une « convivialité » qu'on ne trouve pas à côté d'un radiateur à vapeur. Et n'importe quel spécialiste pourrait-il prescrire une meilleure panacée pour les nerfs à rude épreuve d'un homme d'affaires ? Là, je laisse mon enthousiasme pour les plaisirs de la campagne interférer avec l'aide pratique que je compte apporter. Et encore aujourd'hui, les joies du patinage, de la luge et de la luge ne sont pas citées.

Rendre la maison confortable par temps chaud est une affaire très simple. Une maison a quatre côtés – un pour chaque point de la boussole – alors ouvrez les fenêtres et les portes et captez la brise. Les écrans métalliques sont bon marché ; de plus, en veillant à ne pas laisser les déchets et l'eau stagner autour des locaux, vous atténuerez les mouches et les moustiques.

Si le destin ou votre fantaisie vous a installé dans un nouvel endroit sans vieux arbres pour ombrager la pelouse et le porche, des grillages et des vignes de concombres sauvages, qui poussent très rapidement, fourniront un substitut. Pour conserver les provisions, j'ai trouvé une cave bien aérée meilleure que le meilleur réfrigérateur. Nous retirons les fenêtres et les remplaçons par deux épaisseurs de flanelle bien saturées d'eau. A midi, lors d'une journée chaude, l'évaporation abaisse la température de plusieurs degrés, mais le courant d'air frais n'est pas obstrué, comme ce serait le cas avec les fenêtres fermées.

L'eau de puits ou de source est généralement fraîche et rafraîchissante, donc une glacière n'est vraiment pas impérative, bien que je recommande d'en construire une petite si la ferme fournit de la bonne glace, car c'est un bâtiment peu coûteux à construire, des planches brutes, de la sciure et le bricoleur ordinaire. le travail étant la seule exigence. Nous n'en avions pas depuis plusieurs années, mais ensuite nous avions une source avec un sol en pierre et des étagères, et une large gouttière tout autour, à travers laquelle l'eau de la source était conduite, gardant l'endroit presque glacé.

On ne trouve jamais d'améliorations modernes dans les maisons de campagne bon marché, nous avons donc constaté qu'il faudrait construire immédiatement une salle de bains ou un moyen de nettoyer tout le corps. Nous avons acheté une grande baignoire en fer blanc avec un fond en bois pour environ sept dollars et l'avons placée dans la petite pièce à côté de la cuisine. Un morceau de tuyau en caoutchouc était étroitement attaché au tuyau d'évacuation de la baignoire et transporté à travers le mur jusqu'à un siphon, de là jusqu'à un tonneau à dix pieds de la maison, qui n'avait pas de fond et était enfoncé dans le sol. De là, bien sûr, l'eau s'est infiltrée dans le sous-sol et a disparu.

Au début, nous pensions que c'était vraiment très bien, mais plus tard, lorsque nos idées et nos finances se sont élargies, nous l'avons remplacé par une baignoire et un lavabo en porcelaine émaillée, avec des tuyaux d'évacuation correctement soudés dans un évier carrelé de trois pieds de profondeur, pour éviter le gel. .

Une pompe au-dessus de l'évier de la cuisine constituait la seule source d'eau, mais comme celle-ci provenait d'une magnifique source située à plusieurs mètres au-dessus du niveau de la maison, nous avons décidé, en investissant dans une nouvelle salle de bain, de tendre un peu plus les cordons de la bourse. , et mettre dans l'eau chaude et froide. Un réservoir d'eau était fixé à la cuisinière de la cuisine et une chaudière de soixante-trois gallons était fixée. Cela coûtait vingt-deux dollars et soixante-quinze cents. Le bain et le lavabo coûtent trente-huit dollars. Cinquante pieds de tuyau d'un pouce et demi, sept dollars et cinquante cents. Cent pieds de tuyau d'un demi-pouce, six dollars. Tuyau d'évacuation, deux dollars. Travail, vingt-deux dollars.

Lorsqu'une source n'est pas convenablement située, il faudra utiliser un bélier automatique et une citerne, et on me dit qu'ils coûteraient environ soixante-dix dollars de plus. Même avec le nouvel agencement de la salle de bains, nous conservons le placard en terre battue, qui avait été acheté quelque temps auparavant, au prix de vingt-cinq dollars. Il est adossé au mur extérieur, à travers lequel une trappe a été découpée pour permettre le retrait et le remplacement des casseroles et de la terre. C'est sans aucun doute l'appareil le plus économique et le plus hygiénique avec lequel une maison de campagne puisse être meublée.

Le confort suivant était un téléphone, qui ne coûtait que dix-huit dollars par an, appels locaux compris, les appels longue distance étant bien entendu des frais supplémentaires. Cela, avec la livraison rurale et le quotidien, nous met au foyer, en contact avec les grandes actions du monde et les petits intérêts de nos amis.

Nous avons déserté la ville en mars, mais l'expérience m'a appris que l'automne est la meilleure période de l'année pour migrer. Il n'y a pas tellement de gens qui recherchent des endroits à la campagne ; les journées sont claires et fraîches, les routes en bon état et il y a beaucoup à faire dans le jardin et le verger pour faciliter les travaux du printemps prochain. En commençant la volaille à l'automne, on peut avoir des poulets de chair prêts à profiter des prix du début du printemps. D'ailleurs, c'est le poussin précoce qui fera une bonne pondeuse l'hiver suivant.

Dans le chapitre suivant, nous porterons l'entretien ménager au poulailler, car c'est le meilleur point de départ pour une maison autonome.

LA VOLAILLE

COMME la volaille a été le tremplin qui m'a permis d'accéder au havre d'un foyer autonome, je considère naturellement qu'elle est la meilleure base sur laquelle une citadine peut fonder ses attentes de prospérité rurale. Je suppose – et j'espère certainement – que chaque femme n'aura pas à commencer avec seulement deux ou trois oiseaux, comme je l'ai fait ; mais ceux qui pourraient devoir le faire devraient trouver mes six premiers mois d'expérience réconfortants.

Vingt et une poules bâtardes ont été achetées en trois détachements, coûtant entre cinquante et soixante-quinze cents chacune. C'étaient presque toutes des vieilles dames avec un instinct maternel très développé, qui adoraient s'asseoir sur des œufs et couver des poules. Nous avons donc réussi à élever cent quarante-huit poules. Nous avions de trois à quatre œufs par jour pour la table, parce que nous souhaitions n'élever que des poules Wyandotte blanches à l'avenir, et les œufs à couver étaient achetés dans une ferme voisine et coûtaient au total six dollars, la nourriture pour six mois coûtait quatre dollars, soit une dépense totale de vingt dollars et cinquante cents. Quatre-vingt-dix poulets ont été vendus comme poulets de chair, pour un montant de vingt-deux dollars, le bénéfice réel en espèces n'était donc que de deux dollars.

Mais le stock a augmenté à cinquante- huit poulettes , toutes valant au moins un dollar et cinquante cents à la fin du sixième mois. Au mois de novembre, ils pondaient tous, le nombre moyen d'œufs étant de vingt-cinq par jour, alors que les œufs strictement nouvellement pondus rapportaient entre trente-cinq et cinquante cents la douzaine, un record qui, je pense, me justifie vraiment de recommander Biddy comme le facteur pionnier dans la construction d'une maison économique. Même les poules bien élevées et industrieuses doivent bénéficier de bonnes conditions et de bons soins pour être rentables.

Il existe d'innombrables races et variétés de races, les plus populaires à l'heure actuelle étant les Plymouth Rocks, les Wyandottes barrées, chamois et blanches, les Wyandottes argentées, blanches, chamois, dorées, perdrix et noires ; Les Rhode Island Reds, qui ont un plumage quelque peu similaire à celui du gibier à plumes à l'ancienne, et ne varient que par leurs crêtes roses et simples ; Minorques , noir et blanc ; Les Andalous, de l'ombre d'un chat maltais, avec des peignes simples ; Livournes, noires, brunes, chamois, à ailes de canard, argentées et blanches.

Les Plymouth Rocks et les Rhode Island Reds sont de très bons oiseaux et ce dernier serait probablement mon choix, si quelque chose pouvait me persuader d'abandonner les White Wyandottes . Les poussins des trois précédents sont tous forts et faciles à élever, mais les Wyandottes produisent des poulets de chair dodus à un âge légèrement plus précoce, mûrissant peut-être une semaine ou deux plus tôt que les autres, qui sont également de bons rôtissoires. Je ne sais pas s'il existe une différence matérielle dans leurs capacités de production d'œufs.

Les Livournes, les Minorques et les Andalous sont des oiseaux beaucoup plus petits et sont considérés comme les machines à œufs de la famille des poules ; mais l'observation m'a convaincu qu'elles sont loin derrière les trois races plus lourdes citées par temps extrêmement froid, lorsque les œufs ont le plus de valeur. C'est pourquoi je recommande toujours les Wyandottes , les Rhode Island Reds ou les Plymouth Rocks pour une utilisation générale dans les environs de New York ou plus au nord, et les Leghorns, Minorcas et Andalousiens pour les États du Sud, en particulier lorsque les œufs sont la seule considération et que les oiseaux peuvent avoir libre parcours. L'un des grands inconvénients de ces derniers oiseaux est leur capacité à voler ou à escalader des clôtures de presque toutes les hauteurs, tandis que les Dottes , Rocks et Reds sont faciles à contrôler dans les cours qui ne dépassent pas quatre pieds de hauteur.

Quelle que soit la fantaisie individuelle ou l'environnement que vous préférez, soyez conseillé par quelqu'un qui a acquis son expérience : n'essayez pas plus d'une race à la fois et évitez un troupeau mélangé d'individus indéfinissables, car cela mettrait à l'épreuve la perspicacité d'un Salomon. nourrir correctement une tribu de métis.

Bien sûr, par oiseaux de race pure, je n'entends pas nécessairement les lauréats coûteux. Ce serait une extravagance insensée. Mais toutes les grandes usines de volaille ont ce qu'on appelle des « stocks de marché » à vendre à l'automne – la progéniture des aristocrates, mais qui manque de certains éléments nécessaires pour les honneurs des salles d' exposition . De tels oiseaux peuvent être achetés pour environ un dollar et quart chacun et répondront à tous les besoins pratiques.

Les oiseaux mâles ne doivent être achetés que trois semaines environ avant que les œufs ne soient nécessaires à l'incubation. Ensuite, si votre choix aurait dû se porter sur les Wyandottes , les Plymouth Rocks ou les Rhode Island Reds, chaque troupeau de sept poules devrait être dirigé par un coq. Les Livournes, les Minorques et les Andalous peuvent élever quinze poules par troupeau. L'oiseau mâle doit être aussi bon que vous pouvez vous le permettre, car de cette manière vous pouvez améliorer progressivement votre cheptel jusqu'à ce qu'il atteigne la perfection. Il est plus prudent d'acheter les coquelets auprès d'éleveurs éloignés du domicile d'origine des poules, pour éviter tout danger de relation.

Chaque fois que de nouveaux oiseaux sont achetés, séparez-les pendant quelques jours dans une petite maison et une cour, pour vous assurer qu'ils sont des associés en bonne santé et en forme pour vos oiseaux. Attrapez les oiseaux, un par un, chaque nuit, pendant votre quarantaine. Tenez-le par les pieds, la tête baissée, et saturez les plumes avec de la bonne poudre d'insecte provenant d'une drague à farine ordinaire.

Le poulailler doit être blanchi à la chaux environ toutes les six semaines par temps chaud, et aussi tard et tôt à l'automne et au printemps que le temps le permet. Dispersez de la terre sèche ou du sable sur la plate-forme ; nettoyer et renouveler chaque jour. Une fois par semaine, peignez les coins des nids, des perchoirs et de tout autre accessoire ou joint grossièrement raccordé dans le bâtiment avec de l'huile de kérosène et de l'acide phénique brut, mélangés dans la proportion d'une pinte d'huile pour une demi-once d'acide carbolique. Les feuilles ou tout autre matériau à gratter pouvant être utilisé sur le sol doivent être ratissés une fois par semaine par temps chaud. Tous les nettoyages doivent être mis en tas sous abri, ou dans des tonneaux, car les fientes de volailles sont un engrais précieux pour le potager.

Le temps sec et froid ne nuit pas du tout aux poules, mais après des pluies hivernales ou de fortes chutes de neige, elles doivent être confinées dans la maison et, à moins que le temps ne soit exceptionnellement défavorable, toutes les fenêtres ouvertes entre 9h et 14h30. Très Les jours de tempête, nous les gardons ouverts uniquement pendant que les poules sont occupées à gratter pour obtenir le maïs de midi.

C'est la poule industrieuse et occupée qui produit le plus d'œufs, la première considération est donc d'occuper le troupeau. Nous encourageons l'exercice physique en creusant à plusieurs reprises les petites cours à l'arrière des maisons au printemps et en été. En automne, les feuilles sèches qui tombent sont ramassées et utilisées sur le sol des maisons en cas de mauvais temps. De l'eau fraîche et froide est constamment conservée devant eux dans des récipients en pierre en été et dans des boîtes rembourrées en hiver.

Des caisses de terre propre et sèche sont placées aux endroits ensoleillés de la maison, pour inciter les oiseaux à prendre les bains de poussière dont ils se délectent. Les poules, n'ayant pas de dents pour mâcher leur nourriture, dépendent du sable pour accomplir la fonction de mastication une fois que la nourriture est passée dans le gésier de l'oiseau, où une sorte de processus de broyage a lieu, qui réduit le maïs dur en un composé digestible. Étant à proximité d'un broyeur de pierres, nous achetons les graviers fins à la charge. Ceux qui ne sont pas aussi chanceux trouveront un mélange spécialement préparé dans n'importe quel magasin de fournitures pour volailles, ou le petit troupeau peut être approvisionné en brisant de la vaisselle cassée et du verre en morceaux de la taille d'une graine de chanvre. La coquille d'huître est un très mauvais substitut au gravier, sa valeur étant la chaux qu'elle fournit pour la formation de la coquille.

Il est préférable de garder les volailles dans des cours ; en fait, ils doivent être ainsi retenus si l'on veut atteindre les records d'œufs les plus élevés. Autrefois, cela était considéré comme un grand préjudice pour les volailles de basse-cour, mais depuis quelques années, les éleveurs de volailles professionnels ont commencé à élever leurs volailles parce qu'ils estimaient que c'était le seul moyen d'atteindre le meilleur niveau. Même aujourd'hui, les agriculteurs en général adhèrent toujours à l'idée du libre parcours , et je suis convaincu que ce n'est pas uniquement parce qu'ils le jugent nécessaire, mais que cela permet d'économiser du fourrage et d'autres problèmes. On a estimé qu'un troupeau de poules de fumier communes, telles qu'on en voit dans une ferme moyenne, pondait en un an moins de cent œufs chacune. Les chiffres sont de quatre-vingt à quatre-vingt-dix. Les agriculteurs devenus éleveurs, et qui accordent ainsi décidément plus d'attention à la poule, tout en adhérant au système de libre parcours , ont porté ce rendement à cent cinquante et mieux. Les éleveurs qui ont suivi les méthodes strictement modernes et trié leurs pondeuses ont obtenu en moyenne cent soixante-quinze œufs, et certains ont même atteint la barre des deux cents .

Veuillez noter que je parle de volailles ou de poules, et je ne veux pas dire que cela inclut les poussins en croissance. La ligne doit être clairement tracée entre les deux. La gamme ne peut pas être trop étendue pour le matériel sur pied. Ce que nous recherchons dans la croissance des poussins, c'est un cadre sur lequel nous avons l'intention de mettre plus tard de la chair. Cette charpente ne peut être construite que par la nourriture, et une grande partie de celle-ci est transformée en os et en muscles par l'exercice. Une fois que le poussin a fabriqué le cadre, nous pouvons le jardiner en toute sécurité et lui enfiler la chair, et ainsi le transformer en une machine à gagner de l'argent.

Les avantages du parc de stationnement sont multiples. Tout d'abord, en limitant les stocks dans un certain espace, nous sommes sûrs qu'ils mangent la nourriture fournie et dans la quantité que nous leur souhaitons. Nourrir les pondeuses pour produire des œufs devient chaque année une opération plus délicate. Différents éleveurs essaient formule après formule, à titre expérimental, dans l'espoir d'augmenter le rendement en œufs. Si nous pouvons forcer chaque poule à en pondre dix de plus par an, cela signifie une augmentation considérable du total du troupeau et un meilleur rendement en dollars et en cents pour l'éleveur. Le stock de parcage est un moyen d'atteindre cet objectif. La nourriture nourrie est transformée, comme nous l'entendons, en œufs et non en muscles. Il est décidément plus difficile de s'occuper du bétail de cette manière, et nécessite du travail et des dépenses supplémentaires , mais nous recherchons constamment l'augmentation et espérons ainsi continuellement être compensés pour la peine supplémentaire.

Les volailles dans les cours doivent recevoir tout ce dont elles ont besoin, c'est-à-dire tout ce qu'elles rechercheraient naturellement si elles couraient en liberté. Cela comprend, outre les céréales que nous nourrissons avec la formule, les aliments verts, la viande, un endroit à gratter et un endroit pour épousseter, ainsi que du gravier et de l'eau. De toutes ces choses, je considère la nourriture verte comme la plus nécessaire et la seule chose qui mérite d'être gravée dans l'esprit, car c'est la seule chose trop souvent oubliée. Les aliments verts , quelle que soit leur variété, sont acceptables. L'élevage idéal des volailles est ce qu'on appelle un double élevage : une maison au milieu et une cour de chaque côté. Ces verges peuvent être ensemencées de seigle ou d'avoine, et alternées de manière à ce que les poules aient un parcours vert constant tant que le seigle ou l'avoine poussera, c'est-à-dire jusqu'aux gelées. À défaut du système de double cour, la nourriture verte peut être fournie par des tontes de gazon, du chou entier, du foin de trèfle ou de l'avoine germée, nourries de diverses manières. En retournant le sol des cours avec un cultivateur ou en labourant peu profondément, les vers et les insectes seront à portée de main, ou des têtes de mouton coupées et nourries crues pourront être jetées dedans, et c'est un aliment carné idéal. Les restes de bœuf haché peuvent être mélangés à de la purée et au dernier os vert coupé, et probablement le meilleur.

Les poules d'élevage ont besoin d'exercice. Il ne faut pas comprendre que parce qu'ils sont confinés , ils ne peuvent pas faire d'exercice, ni même s'ils étaient laissés courir en liberté. Les cours doivent avoir au moins cent cinquante pieds de long, si elles ont la largeur d'un poulailler moyen, qui est de dix à douze pieds. Certaines races sont décidément plus actives par nature que d'autres ; par exemple, les Livournes par rapport aux Cochins ou aux Brahmas. Cela n'affecte pas particulièrement la santé des volailles. Une Leghorn n'est pas en meilleure santé en raison de son activité qu'une Cochin. C'est simplement la différence de leurs natures, mais à cause de cet excès d'activité d'une race sur une autre, l'une doit avoir plus de place que l'autre. La Livourne supporte le confinement dans un poulailler de dix pieds sur douze en hiver, à condition qu'elle puisse continuer à chasser activement pour sa nourriture ; mais le même oiseau se morfondrait et deviendrait hors de condition s'il était confiné trop longtemps dans un poulailler d'exposition dans une salle d'exposition. D'un autre côté, un Cochin, étant d'une nature plus paresseuse, se nourrit lentement et se promène tranquillement dans son jardin, prend les choses en douceur dans le poulailler d'hiver et supporte parfaitement le confinement du poulailler d'exposition.

La nature fourragère de n'importe quelle race peut être tuée par une alimentation excessive. Même les oiseaux en liberté, s'ils sont suralimentés à des heures de repas spéciales, ne feront qu'un exercice limité, exactement comme ceux traités de la même manière et élevés dans le parc. L'exercice est induit par une alimentation courte. En d'autres termes, aucune souche pondeuse ne doit être nourrie à volonté, sauf la nuit. La faim incite à l'exercice, qu'on laisse courir ou qu'on laisse la volaille dans le parc. Par conséquent, les volailles nourries à court d'eau et incitées à chasser pour en savoir plus pondront des œufs, tandis que celles qui sont suralimentées, surtout le matin, resteront assises à se morfondre au soleil et transformeront la nourriture en chair au lieu d'œufs.

Un autre avantage des volailles de basse-cour est la certitude de retrouver tous les œufs pondus chaque jour et de pouvoir ainsi garantir qu'ils sont strictement frais. C'est un point de grande importance, et constitue la différence entre les œufs produits par un éleveur moderne avec des poules de basse-cour, et ceux vendus par l'agriculteur « honnête » qui les récupère partout où il les trouve, et ne peut jurer qu'ils ont été pondus. -jour, pas il y a deux semaines.

L'éleveur de volailles avisé ne tardera pas à mettre les choses en ordre pour la saison de reproduction. Du sang neuf est nécessaire pour maintenir la vigueur du troupeau. Achetez le meilleur oiseau mâle que vous pouvez vous permettre. Le coq représente plus de la moitié du troupeau. Un bon oiseau classera les jeunes animaux au printemps prochain. N'oubliez pas que même si vous avez de très bons oiseaux issus de votre propre élevage, il existe un danger de consanguinité pendant plus d'une saison.

Sélectionnez uniquement les poules les plus grandes et les plus brillantes pour les enclos de reproduction. Rejetez ceux qui ont montré des signes de maladie à tout moment de leur vie. Les œufs sont le point principal ; seules les meilleures couches doivent être sélectionnées. De sept à douze oiseaux suffisent pour un troupeau. Si vous n'avez pas de poulaillers, ni de maison longue divisée en compartiments avec cours attenantes, et que vous ne pouvez pas diviser vos oiseaux en petits groupes, adoptez le plan en alternance. Gardez plusieurs oiseaux mâles dans un poulailler et une cour séparés des poules, et n'en laissez qu'un seul courir avec les poules à la fois, en les alternant chaque jour ou chaque semaine, selon le nombre de poules. Par exemple, si j'étais obligé de garder cinquante poules dans un troupeau, j'en garderais sept mâles et je laisserais chacun à tour de rôle courir un jour avec le troupeau, plutôt que de permettre à trois ou quatre oiseaux de rester tout le temps avec le troupeau. .

Il est maintenant temps de réviser les choses. Il n'y a aucune opportunité lorsque le printemps arrive, car alors il y a toujours une ruée et vous vous attirerez des ennuis en utilisant des poulaillers qui n'ont pas été correctement nettoyés, ou qui n'ont pas de fixations, ou qui ont des charnières cassées ou des fuites dans le toit. Les garçons veulent quelque chose pour les amuser pendant les soirées d'hiver ; incitez-les à montrer leurs compétences en mécanique en fabriquant des trémies d'alimentation et des fontaines à eau. Les trémies auto-alimentées permettent d'économiser beaucoup de nourriture, notamment les poulaillers ronds. Ils empêchent que le grain ne soit renversé ou piétiné dans le sol ou gâté par des averses d'orage.

La marque de thé que nous utilisons dans la maison est présentée dans des boîtes carrées, que nous transformons en mangeoires automatiques en découpant deux pouces de l'avant à un pouce du fond et en installant un double fond incliné à l'intérieur. N'importe quel bricoleur peut regarder l'image d'une mangeoire automatique dans un catalogue et en fabriquer une qui sera tout aussi utilisable. Les boîtes de levure chimique d'une livre peuvent avoir un trou de la taille d'un pois coupé à environ un pouce du haut, et lorsqu'elles sont remplies d'eau et retournées dans un moule en fer blanc de deux pouces, elles constituent de petites fontaines à boire capitales pour les poulaillers à couvain, et ne coûtent que cinq cents pour le plat, il n'y a donc aucune excuse pour ne pas en avoir beaucoup, et cela évite aux poussins de se noyer ou de souiller l'eau, ce qui est généralement le cas lorsqu'on utilise des plats ouverts. Avoir toutes les petites choses prêtes et en ordre compte beaucoup au printemps, lorsque chacun a plus de travail qu'il ne peut en faire confortablement.

Au moins deux tiers des lettres que je reçois concernent des cas « mystérieux », presque tous dus à la présence de vermine dans les maisons. La plupart des femmes qui écrivent semblent horrifiées lorsqu'elles trouvent leurs poules infestées par de tels parasites, mais mon expérience a été que ce sont la maison et le troupeau bien entretenus et probablement propres qui sont susceptibles d'être les pires. Pourquoi, c'est une énigme, à moins que les femmes soient enclines à garder la maison de leurs poules si bien propre qu'on ne pense jamais aux problèmes cachés, et pour cette raison la maison et le troupeau ne sont jamais radicalement attaqués, comme ils devraient l'être, avec des éradicateurs. et préventifs. Et bien entendu, les parasites cachés se multiplient sans être dérangés et infestent tout l'endroit avant que leur présence ne soit suspectée.

Peu de gens savent qu'il existe un certain nombre et une grande variété de parasites difficiles à découvrir en raison d'autres habitudes secrètes. Par exemple, il y a l'acarien de la gale déplumante, un fléau très minuscule et vicieux, qui fait souvent accuser les poules de s'arracher les plumes, alors qu'en réalité les pauvres bêtes ne font qu'essayer de se débarrasser des intrus qui leur causent une torture positive. . Lorsqu'on remarque qu'un oiseau a des endroits dénudés sur le cou, le dos ou le corps, il est bon de l'attraper et de lui arracher une de ses plumes près de l'endroit dénudé. Dix contre un, vous trouverez une collection écailleuse près d'une plume. Frottez-le sur une feuille de papier et examinez-le à la loupe et vous découvrirez que chaque grain qui ressemble à des pellicules est un acarien vivant. Un autre minuscule atome, qui s'enfouit sous la peau des pattes des poules, lui vaut le surnom de « pattes écailleuses ». La plupart des morts mystérieuses peuvent être attribuées à une autre variété de la même famille qui attaque les voies aériennes de la gorge de l'oiseau et atteint parfois les poumons. L'oiseau atteint devient somnolent, se morfond pendant quelques jours et finit par mourir d'étouffement, et les gens se demandent quel est le problème. Il existe ensuite trois variétés de puces, si foncées qu'elles paraissent presque noires, qui vivent dans le sol, ou dans les fissures et les crevasses des poulaillers, et sortent lorsqu'elles ont faim pour se nourrir de la pauvre poule sans défense . Une espèce de ces insectes rampe, au lieu de sauter comme une puce ordinaire, de sorte que les gens font souvent l'erreur de penser qu'il s'agit d'un insecte végétal qui ne molestera pas les volailles. Ce sont tous ces visiteurs insoupçonnés qui attaquent les volailles la nuit, leur enlèvent leur vitalité, et l'aviculteur une grande partie de ses profits.

Il y a longtemps, lorsque j'ai démarré mon usine de volaille, j'ai trouvé une recette d'exterminateur de poux liquide et de poudre de vers publiée dans un magazine recommandé par le Dr PTL Woods, le grand expert en volaille. Le liquide est facile à préparer et très bon marché. Dissoudre les flocons de naphta brut dans l'huile de kérosène. La mothaline et le naphta camphre sont deux préparations présentées en emballages, que l'on peut acheter dans n'importe quelle pharmacie, et qui feraient aussi bien l'affaire que les flocons, si vous avez des difficultés à vous les procurer. Une maison de Boston présente une préparation à base de naphtalènes aromatiques et de camphre, en paquets qui coûte vingt-cinq cents, et qui est très bonne. Un paquet dissous dans deux gallons de kérosène constitue un bon mélange pour pulvériser la maison, les nids et les perchoirs. Pour les oiseaux eux-mêmes, peignez l'intérieur d'une boîte avec le liquide et gardez un oiseau dedans pendant quinze à vingt minutes. J'ai fait fabriquer une boîte avec un compartiment d'un pied carré, afin que nous puissions traiter six oiseaux à la fois. Près du sommet de chaque compartiment, il y a un trou assez grand pour que l'oiseau puisse y passer la tête, et à l'extérieur nous mettons une auge légèrement surélevée du sol, de sorte que les oiseaux puissent facilement atteindre le contenu. Remplissez-le de petits grains, et ils s'occupent la plupart du temps, ce qui assure qu'ils ne s'étouffent pas, et leur col passant par le trou empêche la vapeur du lessive de s'échapper trop rapidement. Bien sûr, quelqu'un doit rester et surveiller les oiseaux tout le temps ; sinon, l'oiseau risque de rentrer la tête et de s'étouffer. Pour être sûr que l'oiseau est parfaitement propre, la fumigation doit être répétée trois fois, avec un intervalle de trois jours après chacune. Si les poulaillers sont maintenus propres et que tous les nouveaux oiseaux sont soigneusement fumigés avant d'être intégrés au troupeau, il ne sera pas nécessaire d'attaquer l'ensemble du troupeau plus d'une ou deux fois par an. Les nids des poules pondeuses sont toujours nettoyés avec le mélange et les poulaillers reçoivent une dose une fois par semaine. Dès qu'une poule montre des signes de couvaison, elle est draguée avec de la poudre, qui est bien frottée jusqu'au « duvet » des plumes ; puis le dixième et le dix-neuvième jour, elle est de nouveau bien poudrée, et à partir du moment où les poussins ont une semaine, elle reçoit une dose de poudre une fois par semaine, tant qu'elle les couve. La recette de la poudre d'insectes est la suivante :

À un morceau de citron vert fraîchement éteint, ajoutez une demi-once d'acide carbolique. Mélangez très soigneusement et ajoutez la même quantité, en vrac, de poussière de tabac. Une autre poudre recommandée par le Dr Woods dans le même article, et que j'ai utilisée très fréquemment, est préparée en mélangeant à parts égales des cendres de charbon finement tamisées et de la poussière de tabac, puis en humidifiant le tout avec l'exterminateur liquide contre les poux. Laissez-le sécher et il est prêt à l'emploi. Lorsque vous achetez de l'acide carbolique, demandez quatre-vingt-dix pour cent. force, sinon ils sont très susceptibles de vous donner une préparation beaucoup plus faible, adaptée uniquement à un usage médical.

LA POULE ASSISE ET L'INCUVEUSE

EN repensant aux souvenirs de mon initiation à la ferme, il me semble que je n'avais pleinement réalisé les possibilités de ma nouvelle entreprise qu'après l'inauguration du premier incubateur. Comme je vous l'ai déjà dit, j'ai fait éclore toutes les premières années sous des poules, et je place toujours toutes les poules qui manifestent le désir d'assumer les soins de la maternité, car il semble que le plan de la nature soit de maintenir la machine à œufs en bon état de fonctionnement. Si une poule couveuse n'est pas autorisée à s'asseoir, il faut plusieurs jours d'incarcération pour briser son désir, puis plusieurs jours supplémentaires après qu'elle soit libérée avant qu'elle ne commence à pondre, et invariablement, la fièvre assise l'attaquera à nouveau au bout de quelques semaines. Désormais, l'incubation ne prend que trois semaines ; couvaison des poussins, encore quatre ou six semaines, et Mme Biddy a eu un repos complet, suivi d'un exercice vigoureux tout en grattant pour ses bébés. Ainsi , lorsqu'elle revient au jardin, elle est en parfaite condition pour produire des œufs. Laissez Biddy s'asseoir quand elle le souhaite, mais n'attendez pas son bon plaisir au début du printemps, car vous n'aurez peut-être pas de jeunes poulets à vendre lorsqu'ils rapporteront de bons prix.

LA SÉLECTION DE L'INCUBATEUR

Il existe sur le marché de très nombreux incubateurs, certains chauffés à l'air chaud, d'autres à l'eau chaude. Si vous sélectionnez l'une des marques standard annoncées, vous obtiendrez une bonne écloseuse pratique. Des instructions imprimées pour la configuration et le fonctionnement sont envoyées avec chaque machine, mais elles ne mettent pas suffisamment l'accent sur tous les points importants pour les amateurs. Beaucoup de gens ne peuvent pas enfoncer une vis avec précision et ne se rendent pas compte que si la tête est légèrement à droite ou à gauche, elle jette hors d'aplomb le dispositif qui est fixé à la machine, et l'épaisseur d'un cheveu fait une différence quand Il s'agit d'appareils aussi délicats que les tiges thermostatiques (la puissance qui contrôle la chaleur). Une erreur fournit beaucoup de connaissances. Je n'aurais jamais dû réaliser la nécessité d'une exactitude absolue si l'une des vis utilisées pour fixer le support de lampe à notre deuxième incubateur ne s'était pas légèrement de travers. La cheminée touchait presque un côté de la douille dans laquelle elle s'insère. Cela, à son tour, attirait la flamme d'un côté et la faisait fumer la nuit lorsqu'elle était allumée pour plus de chaleur. C'était apparemment une très petite erreur, mais elle a presque gâché l'incubateur et a complètement gâché la trappe.

Pour être sûr que les fixations de l'incubateur sont d'aplomb, utilisez un niveau à bulle, seul guide sûr. Après avoir démarré la machine, entraînez-vous à la faire fonctionner pendant quelques jours avant d'y mettre les œufs.

Quand la chaleur atteint cent deux degrés et demi, avec le cadran d'évacuation pendant de la largeur d'une allumette à l'ouverture, placez les plateaux qui, étant froids, abaisseront la chaleur et fermeront le cadran jusqu'à ce que la chaleur atteigne cent deux degrés et demi. les plateaux deviennent chauds, et le thermomètre de la machine indique à nouveau cent deux et demi, alors que le cadran devrait à nouveau faire pendre la largeur de l'allumette au-dessus de l'ouverture. Si la fermeture et l'ouverture ne s'effectuent pas à cause des variations de chaleur, la machine n'est pas bien réglée et il faut s'entraîner jusqu'à ce qu'elle supporte l'épreuve avant d'y mettre les œufs.

Les thermomètres sont censés avoir été testés avant d'être expédiés, mais il est préférable d'en acheter un supplémentaire et de les comparer ; ou demandez à votre médecin, qui est sûr d'avoir un thermomètre précis, de le faire pour vous. Le testeur d'œufs est livré avec l'incubateur. Il s'agit d'une cheminée en fer blanc, en forme d'entonnoir, qui s'ajuste au-dessus de la lampe et qui possède une ouverture en saillie, bordée de noir, devant laquelle on peut placer les œufs. Le premier test doit être effectué le septième jour ; le deuxième le quinzième jour. Tenez l'œuf, le gros bout vers le haut, devant l'ouverture. S'il semble parfaitement clair, il est stérile et peut être utilisé pour nourrir les jeunes poussins. S'il présente une tache rouge foncé avec des pattes d'araignée, il est fertile et doit être remis à l'incubateur. Les germes morts sont rarement perceptibles dès le premier test, sauf par un œil expert. Le 15, le plus grand amateur sera capable de les détecter.

Une incubation réussie dépend principalement de la capacité à maintenir la quantité de chaleur et d'humidité nécessaire aux différents stades de développement. Un thermomètre est fourni avec la plupart des incubateurs, mais pas encore d'hygromètres, il est donc conseillé d'en acheter un. Car comme ils ne coûtent que 1,50 $ chacun, il serait coûteux et insensé de s'en passer. Avoir ces deux petits instruments pour indiquer exactement la quantité de chaleur et d'humidité présente dans la machine simplifie à merveille le travail.

Personnellement, j'aime que le thermomètre enregistre 102 degrés et l'hygromètre 75 lorsque je mets les œufs dans l'incubateur pour la première fois. La deuxième semaine, la chaleur augmente à 102½ et l'humidité baisse à 70 degrés. La troisième semaine, chaleur de 102½ à 103 ; l'humidité ne dépasse pas 45 degrés jusqu'au dix-neuvième jour, lorsque l'humidité est de nouveau augmentée à 55 ou 60 degrés.

La raison d'une telle fluctuation de l'humidité peut nécessiter quelques explications. Durant les premières étapes de l'incubation, il est nécessaire d'empêcher la fuite de l'eau qui fait partie de l'œuf, car elle est nécessaire pour maintenir l'albumen dans les conditions nécessaires au développement du germe. Après le dixième jour, lorsque l'embryon est formé, il faut laisser l'eau s'évaporer progressivement, de sorte que la quantité d'air à l'intérieur de la coquille augmente, car elle est nécessaire pour faciliter la circulation du sang et permettre la croissance du poussin. Augmenter à nouveau l'humidité le dix-neuvième jour est simplement fait pour adoucir la peau intérieure de l'œuf et faciliter la percée du poussin.

Lorsqu'un supplément d'humidité doit être fourni, placez un bac de sable humide ou une éponge humide au fond de l'incubateur. Si la machine se trouve dans une cave très humide, la difficulté est souvent de réduire l'humidité plutôt que de l'augmenter.

Dans ce cas, laissez les alvéoles plus longtemps hors de la machine lorsque vous retournez les œufs chaque jour et ouvrez les aérateurs. Le moyen le plus sûr et le plus simple d'apprendre à mesurer ce point important d'humidité est probablement de placer une poule en même temps que vous démarrez l'incubateur, puis de comparer le développement de la cellule d'air dans l'œuf tous les quelques jours . Si le développement est trop lent, ouvrez plus largement les aérateurs sur le côté de l'incubateur et aérez les œufs un peu plus longtemps chaque jour lorsque vous sortez les plateaux pour retourner les œufs. Inversez les affaires si l'évolution est trop rapide. Il est préférable de faire fonctionner la machine un degré ou deux au-dessus de la température donnée plutôt qu'en dessous, surtout au cours des derniers jours.

Après le matin du vingtième jour, n'ouvrez l'incubateur qu'après la fin de l'éclosion ou jusqu'à tard le vingt-deuxième jour, et ne vous inquiétez pas si la température atteint cent quatre ou même cent quatre. cinq; elle est causée par la chaleur animale des poussins et ne leur fera aucun mal. Baisser légèrement la lampe réduira bien sûr la chaleur ; mais faites bien attention à ne pas le laisser descendre au-dessous de cent trois pendant les dernières vingt-quatre heures. Les basses températures prolongent l'éclosion, affaiblissent les poulets et les rendent vulnérables à toutes sortes de maladies.

Je pense que les couveuses individuelles d'extérieur sont les meilleures, car par temps très froid, elles peuvent se tenir dans une dépendance lumineuse. J'avais l'habitude de monopoliser la cuisine d'été de février à avril, puis de les faire disposer dans le verger. Placer une couveuse extérieure sous abri n'est en réalité que pour la commodité du préposé, car elle est à l'épreuve des tempêtes. Si vous commencez avec un incubateur contenant cent vingt à cent soixante œufs, vous aurez besoin de deux couveuses, et si vous êtes dans une localité froide ou nordique, d'une petite maison qui peut être chauffée par temps très froid, si vous proposez de commencer à incuber en janvier. Une couveuse censée contenir cent poulets pourra accueillir confortablement ce nombre pendant environ neuf jours, après quoi il ne faudra pas y garder plus de cinquante poulets. D'où la nécessité d'avoir deux couveuses. Lorsque les poussins ont six semaines par temps froid et quatre semaines par temps modéré, ils peuvent être transportés dans la petite maison (dont la température doit être maintenue à soixante degrés pendant la nuit). N'oubliez pas que l'incubation ne prend que vingt et un jours, vous devez donc attendre au moins trois semaines avant de démarrer l'incubateur une seconde fois.

Donnez à la couveuse une bonne couche de badigeon à la chaux à l'intérieur avant de l'utiliser. Couvrez le tambour qui fournit la chaleur sous le vol stationnaire avec deux ou trois épaisseurs de flanelle, afin qu'il soit doux et que les petits corps puissent s'y blottir. Couvrez le sol du compartiment de vol stationnaire avec un morceau de vieux tapis ou de feutre et le compartiment extérieur avec les déchets de la faucheuse. Faites fonctionner la chaleur régulièrement à quatre-vingt-quinze degrés pendant plusieurs heures avant d'y mettre les poussins, et maintenez-la à cette chaleur pendant les sept ou huit premiers jours. Puis laissez-la descendre progressivement jusqu'à soixante-quinze degrés. Bien sûr, je parle de la chaleur sous le vol stationnaire. Le reste de la couveuse sera — et devrait être — plusieurs degrés plus bas.

LE SOIN DES POUSSINS EN COUVEUSE

Conservez de l'eau fraîche dans des récipients dans lesquels les poussins ne peuvent mettre que leurs becs dans le compartiment extérieur. Ne négligez jamais de veiller à ce qu'ils soient tous blottis en toute sécurité contre la chaleur du crépuscule.

Pendant les heures claires et ensoleillées du milieu de la journée, laissez les poussins avoir beaucoup d'air frais dans la salle de jeux ; à l'heure du repas, quand ils sont tous occupés, aérez soigneusement le compartiment de vol stationnaire.

Lorsque Biddy couve, n'oubliez pas qu'elle aura certainement besoin de l'épousseter avec de la bonne poudre d'insectes. Le nichoir dans lequel elle était assise aurait dû être nettoyé et une poignée de boules de camphre éparpillées sous le foin du nid. De plus, chaque poule doit être époussetée avant la mise en place, deux fois pendant les vingt et un jours, trois jours après l'éclosion et chaque semaine tant qu'elle couve les poussins.

L'air frais, la chaleur et la bonne nourriture préviennent de nombreux troubles presque impossibles à guérir une fois contractés ; alors regardez les petites choses.

Il faut prévoir trente heures pour une bonne digestion et assimilation du jaune, qui est absorbé dans l'abdomen juste avant que le poussin ne perce la coquille. Lorsque Biddy a éclos, ne la déplacez pas au poulailler pendant vingt-quatre heures, à moins qu'elle ne soit volatile et continue de quitter le nid, auquel cas il est préférable de garder les poussins dans une boîte couverte près de la cuisinière jusqu'à ce que Biddy ait éclos. une poule plus maternelle peut être persuadée de les adopter. Essayez toujours de coucher deux ou trois poules en même temps. Les bonnes poules, bien nourries et qui n'ont pas été inquiétées par la vermine, donnent rarement des ennuis au cours des dernières vingt-quatre heures.

COMMENT DIVERSIFIER LA RATION JOURNALIÈRE

Parlons maintenant de la question très importante de l'alimentation : pendant les deux ou trois premiers jours, procurez-vous dix livres de graines de colza et de millet, de flocons d'avoine et de maïs concassé, du charbon de bois et du grain fin et pointu. Mélangez le tout. Si vous ne pouvez pas obtenir de flocons d'avoine en forme de tête d'épingle, achetez des flocons d'avoine et brisez-les bien. Le grain doit également être concassé assez finement ; en fait, il est plus sûr de passer le mélange au tamis qui ne laissera passer que du mil plus gros que le mil. Il n'y a alors aucun risque d'étouffement des poussins. Nourrissez le mélange en le dispersant parmi les déjections, pour encourager les poussins à se gratter et à faire de l'exercice.

Matin et soir, faites une purée en hachant un œuf dur, sa coquille et le tout, les têtes ou les pousses d'oignons verts. Mélangez avec de la chapelure rassis et servez-vous sur une assiette à tarte plate ou une bande de bois. Une fois que les poussins ont atteint l'âge de deux semaines, l'avoine et le maïs n'ont plus besoin d'être aussi fins : ils ont plutôt la taille d'une graine de chanvre, qui peut être ajoutée au mélange ; il en va de même pour le blé concassé ou l'orge, et la purée peut être composée de maïs et d'avoine moulus, avec des oignons et du foie échaudé, hachés, trois fois par semaine (environ une petite tasse pour un litre de purée).

Ce que j'entends par foie échaudé, c'est le foie plongé dans une bouilloire d'eau bouillante et laissé bouillir une fois. Laisser refroidir dans l'eau. Assez cru, il est trop fort pour les petits poussins. Pour changer, je mélange les céréales avec du lait bouillant deux ou trois fois par semaine. N'en faites jamais plus à la fois que ce qui sera nourri dans les prochaines heures, car cela aigre.

Le fromage en pot est un plat préféré de toutes les volailles et très sain. S'il y a une tendance aux troubles intestinaux, donnez-leur de l'eau de riz à la place de l'eau potable.

Gardez les couveuses et les poulaillers propres et secs. L'herbe autour des poulaillers doit être coupée afin que les poussins puissent courir facilement. Veillez à ce que chaque poulailler soit fermé la nuit et ne laissez pas sortir les poussins lorsque l'herbe est rosée. Ne donnez pas trop de poussins à couver aux poules en hiver, car si elle ne peut pas les garder près d' elle , ils mourront de froid.

ÉLEVAGE DE POILS PRÉCOCES

UNE branche distincte de l'industrie avicole, et extrêmement rentable pour ceux qui peuvent la gérer avec succès, est l'élevage de jeunes poussins en hiver pour les poulets de chair précoces. Commencer à grande échelle nécessite un capital aussi important, mais il y a des centaines d'hommes et de femmes qui ont dans leurs locaux un logement qui leur permettrait de démarrer à petite échelle, et en investissant les bénéfices de la première année, ils pourraient obtenir un bénéfice réel. bon équipement pour l'entreprise.

Bien entendu, le véritable point de départ devrait être un bon troupeau de poules en bonne santé, toutes de la même race, de préférence des Wyandottes ou des Rocks, car en réalité, la poule qui pond l'œuf a autant à voir avec le succès de l'élevage de poulets de chair que dans les soins apportés. on peut donner à l'entreprise.

Vient ensuite un nouvel incubateur bien construit. Ne soyez pas tenté d'acheter une machine d'occasion, qui a généralement été laissée dans une cave humide ou dans un hangar extérieur lorsqu'elle n'est pas utilisée, car elle se déformera très probablement ou se brisera en morceaux une fois remise en service. .

Les couveuses viennent en troisième position sur la liste, mais sont tout aussi importantes que les deux précédentes, car il ne sert à rien de faire éclore un poussin à moins qu'il ne puisse être élevé, et la chaleur et la ventilation de la mère artificielle représentent plus de la moitié de la bataille.

L'usine de poulets de chair moderne se compose d'une cave-incubateur, d'une pépinière ou d'une couveuse, comme on l'appelle habituellement, et d'un poulailler. Ces deux derniers sont divisés en petits enclos d'environ deux pieds de large et cinq pieds de long. Dans la pouponnière, les extrémités supérieures des enclos sont fermées comme des boîtes à une profondeur d'environ un pied et demi, et sont traversées par des tuyaux d'eau chaude qui fournissent de la chaleur aux poussins pour y couver. Un rideau de flanelle découpé en bandes tombe du haut de la partie fermée pour la séparer du reste de l'enclos, qui descend jusqu'au mur extérieur de la maison, où une grande fenêtre laisse entrer la lumière et le soleil. Les enclos doivent avoir des planchers en planches légèrement surélevés au-dessus du rez-de-chaussée, pour éviter l'humidité, et les divisions sont faites avec un pied de lit d'environ neuf pouces de haut et un filet d'un pouce de haut à deux pieds au-dessus. La couveuse est divisée de la même manière, mais les conduites d'eau chaude ne font que contourner les murs de la maison, car les oiseaux n'ont pas besoin de chaleur immédiate pour couver en dessous, après avoir quitté la pouponnière, lorsqu'ils ont cinq ans. ou six semaines.

Mais, jusqu'à ce que vous puissiez vous permettre l'équipement approprié, un ou deux incubateurs peuvent être installés dans la cave de la maison ou dans une pièce inutilisée où il n'y a pas d'autre chauffage. Des couveuses individuelles peuvent être utilisées à la place de la pépinière et de la couveuse, si vous disposez d'une dépendance légère pour les installer. En fait, j'aime mieux les couveuses individuelles pour la période de pépinière que le système de serres , car ce n'est qu'un Il est nécessaire d'en chauffer autant que nécessaire, et avec le système de canalisations, toute la maison doit être chauffée, même si vous n'utilisez qu'une seule partie.

La plupart des différentes marques de couveuses sur le marché sont constituées de deux compartiments : une chambre avec un flotteur rond, chauffé par une lampe, et un compartiment extérieur pour l'exercice et l'alimentation. Le prix moyen est de neuf dollars, et les machines sont censées contenir cent poulets, mais soixante-quinze suffisent amplement ; et même ce nombre devrait être réduit à cinquante la deuxième semaine, et à vingt-cinq la quatrième semaine, c'est-à-dire si les poussins doivent être entièrement confinés à la couveuse. Mais s'il se trouve dans une pièce chaude, où un petit enclos extérieur peut être aménagé sur le sol de la maison pour servir de salle de jeux, cinquante poussins peuvent être transportés jusqu'à l'âge des pigeonneaux-poulets de chair dans une seule couveuse.

Les poussins spécialement conçus pour le commerce des poulets de chair doivent être poussés régulièrement ; la viande dodue et juteuse étant l'objet principal. La première condition est la chaleur. Faites chauffer le compartiment dans lequel se trouve l'aéroglisseur jusqu'à quatre-vingt-dix-huit degrés avant d'y installer les poussins et maintenez-le ainsi pendant les trois premiers jours et nuits. Gardez la porte du compartiment extérieur fermée pendant la même durée. Le quatrième jour, on peut l'ouvrir et laisser les poussins y courir, mais la pièce dans laquelle se trouve la couveuse doit être chaude et les petits doivent être surveillés jusqu'à l'heure du coucher, car ils ont tendance à rester dans le compartiment extérieur et devenir refroidi.

Être refroidi, même pendant une courte période, est fatal aux jeunes poussins, car s'il ne tue pas d'un coup, cela provoque des troubles intestinaux et leur donne un mauvais revers qui retardera sûrement le jour de la commercialisation, voire pire. Après l'âge de trois semaines, la porte du compartiment extérieur peut être ouverte pour qu'ils puissent courir sur le sol de la pièce. Donnez-leur suffisamment de matériel à gratter. S'il fait beau et doux, cela leur fera du bien de les laisser courir dehors une heure ou deux en milieu de journée, mais ne vous précipitez pas pour les endurcir avant l'âge de cinq semaines, car c'est une expérience risquée.

Les poulets Wyandotte, une fois éclos, pèseront deux onces. Si tout va bien, ils devraient gagner deux onces pendant les dix premiers jours ; quatre onces pour la troisième semaine ; encore deux onces la quatrième semaine, et à la fin de la huitième semaine, ils devraient peser deux livres.

La vie entière d'un poulet destiné à un poulet de chair est si artificielle que peu, voire aucune, des règles d'élevage de poussins ordinaires peuvent lui être appliquées. Le principal objectif est de les développer le plus rapidement possible, car pour obtenir le meilleur prix, un poulet de chair doit croître rapidement et être dodu.

Comme tous les oiseaux nouvellement éclos, ils ne doivent rien manger pendant les trente-six premières heures. Après cela, la nourriture commerciale pour poussins (qui est un mélange de toutes sortes de petites graines et de grains concassés) devrait être leur seul régime alimentaire pendant dix jours.

Lorsqu'il n'y a que de petites quantités de poussins à nourrir et que l'argent a plus de valeur que le temps, il sera moins coûteux de mélanger les aliments à la maison. Prenez un litre de maïs finement concassé, de son et d'avoine décortiquée ; mélanger avec la même quantité de millet doré, de colza, de maïs kafir et de gravier fin et très pointu, de charbon de bois broyé et de foin de trèfle finement haché. Mélangez soigneusement, puis passez au tamis fin pour vous assurer qu'il n'y a pas de gros morceaux de maïs ou d'avoine avec lesquels les bébés pourraient s'étouffer. Pendant les trois jours où ils sont confinés au département du vol stationnaire, mettez une petite casserole remplie du mélange dans chaque coin et, au lieu d'eau, remplissez une petite fontaine avec du lait échaudé et laissé refroidir. Laissez-le avec eux pendant dix ou quinze minutes, le matin, à midi et de nouveau vers 15 heures. Il ne faut pas le laisser rester tout le temps, car la chaleur du vol stationnaire le rendra aigre.

Une fois qu'ils sont autorisés à accéder au compartiment extérieur, du grain mélangé doit être dispersé sur le foin coupé (ou sur tout ce qui est utilisé pour recouvrir le sol) afin que les poussins soient obligés de se gratter, ce qui les oblige à faire suffisamment d'exercice pour une croissance saine. Le plan est de se nourrir peu et souvent. Le lait peut être laissé reposer dans le compartiment extérieur, mais la fontaine doit être soigneusement nettoyée et ébouillantée chaque jour.

Après le dixième jour, la porte du compartiment extérieur peut être ouverte et les poussins peuvent bénéficier d'une plus grande liberté, s'il y a un poêle dans le bâtiment pour réchauffer l'atmosphère ; mais si ce n'est pas le cas, ne les laissez pas sortir de la couveuse avant l'âge de quatre semaines. Dans les deux cas, leur alimentation doit être légèrement modifiée après le dixième jour. Faites cuire à la vapeur une partie du foin de trèfle haché (environ un litre) et ajoutez une pinte de semoule de maïs grossier , une pinte d'avoine moulue et une demi-tasse de foie haché qui a été bouilli pendant cinq minutes (le foie cru est trop fort pour ces jeunes oiseaux, mais il ne faut pas le faire bouillir plus de cinq minutes). Nourrir une fois par jour à midi. Répartissez la purée dans deux ou trois plats pour qu'ils puissent tous manger en même temps. Retirez tout ce qui reste au bout de dix minutes. S'il n'est pas possible d'obtenir du foie frais, utilisez une cuillère à café de farine de bœuf ou l'une des préparations de viande du commerce finement hachées. Continuez à disperser les grains secs trois fois par jour.

Lorsqu'ils ont quatre semaines, donnez-leur de la purée deux fois par jour vers 9h00 et 14h00, en augmentant légèrement la quantité de viande ; et si vous avez beaucoup de lait écrémé, préparez du fromage blanc et donnez-le-leur en supplément une à deux fois par semaine. À partir de la quatrième semaine, gardez toujours devant eux une poêle contenant du gravier et du charbon de bois. Après l'âge de six semaines, augmentez la quantité de semoule de maïs dans la purée et diminuez en conséquence la quantité d'avoine moulue, jusqu'à ce que toute la semoule de maïs et aucune avoine ne soient utilisées. Arrêtez également de cuire le trèfle à la vapeur et mélangez-le à sec avec les autres ingrédients ; puis humidifiez la purée dans du lait échaudé dans lequel le suif a été bouilli (une livre de suif haché pour quatre litres de lait). Faire bouillir quinze minutes. Nourrissez-le trois fois par jour : 9h00, 12h00 et 15h00. Les deux dernières semaines avant de le tuer, omettez tous les grains secs ; ne nourrissez que de la purée, faite comme avant, aussi douce que possible sans être bâclée. Nourrissez quatre fois par jour tout ce qu'ils mangeront en dix minutes, mais ne laissez en aucun cas de la nourriture devant eux plus longtemps, sinon ils seront rassasiés. Les oiseaux poussés doivent être en bon état pour être commercialisés entre dix et douze semaines.

Nos poulets de chair ne reçoivent jamais d'eau à boire, mais toujours du lait échaudé. Le lait échaudé freine invariablement toute tendance aux troubles intestinaux et constitue également un facteur important pour rendre la chair tendre et juteuse.

LE POULAILLER EN MI-SAISON

LES POUSSINS sont si jolis et font si fortement appel au sentiment sentimental que la plupart des gens éprouvent pour les objets de bébé, qu'ils sont invariablement bien soignés jusqu'à ce qu'ils soient déposés par les nouveaux arrivants ou qu'ils atteignent la période de laideur maladroite et aux longues jambes. . Ils sont alors presque sûrement négligés, surtout par l'amateur, qui ne se rend pas compte que les étapes intermédiaires sont d'une importance primordiale. C'est une perte de temps et d'argent que de faire éclore des poussins et de nourrir abondamment les poules en hiver, si on les laisse stagner pendant leur croissance.

Lorsque les poussins ont huit semaines, ils doivent être séparés de leur mère et les familles divisées ; les jeunes poulettes étant reléguées dans des poulaillers en colonie, dans un verger ou une prairie partiellement ombragée, où elles bénéficieront d'un libre parcours étendu ; les coqs étant placés dans le semi-confinement des cours, car leur destin ultime est la poêle à frire, ce qui nécessite des corps dodus, tandis que le libre parcours ne ferait que développer la charpente et les muscles.

Nos maisons de colonie mesurent six pieds de long, trois pieds de large, trente-six pouces de hauteur à l'avant et vingt-quatre pouces à l'arrière. Ils sont faits de carrelets légers ; les extrémités, l'arrière et le toit étant recouverts de papier de toiture, et le devant, jusqu'à huit pouces du sol, de mousseline écrue, qui assure une ventilation parfaite et empêche la pluie de tomber sur les oiseaux lorsqu'ils sont sur les perchoirs, qui sont fixé à un pied du bas et à neuf pouces de l'arrière du poulailler. Deux trous sont pratiqués, espacés de neuf pouces, au milieu de chaque extrémité du poulailler, et une lourde corde y est nouée pour former des poignées.

Les poulaillers n'ayant pas de plancher et l'ensemble de la construction étant léger, ils sont facilement déplacés chaque semaine vers un sol frais et ainsi maintenus propres sans peine, élément important lorsqu'on en utilise une grande quantité. Ayant un grand verger, nous avons placé les poulaillers en rangées espacées de trente pieds, car les deux côtés du verger sont adjacents à une forêt, à travers laquelle coule une source intarissable, de sorte que les oiseaux ont une gamme splendide.

Vingt oiseaux sont placés dans chaque poulailler. La première semaine, une cour portative de cinq pieds de long est placée devant chaque poulailler afin que les jeunes poussins ne puissent pas s'éloigner et se perdre, comme ils le feraient sûrement dans des endroits inconnus. Pendant ce temps, une trémie auto-alimentée et une fontaine à eau sont placées à l'intérieur du poulailler. Lorsque la cour est supprimée, les récipients individuels sont supprimés, de grands abreuvoirs et trémies d'alimentation étant placés à mi-chemin entre quatre poulaillers, afin de réduire le temps et le travail nécessaires pour prendre soin des oiseaux.

LE COUP DE VOLAILLE

Les grandes trémies ne sont rien d'autre que des caisses de cinq pieds de longueur, deux pieds de largeur et six pouces de profondeur, sur lesquelles est placé un couvercle en forme de A, fait de lattes espacées d'un pouce, pour empêcher les oiseaux d'entrer dans la caisse et de rayer le sol. le grain sur le sol, où il sera gaspillé. Pour l'eau, des fûts de cinq gallons sont utilisés, avec une évacuation automatique, qui maintient une petite casserole continuellement pleine. La nourriture et l'eau sont placées sous un abri rudimentaire pour les protéger du soleil et de la pluie. Avec des récipients aussi grands, il suffit de les remplir tous les deux jours.

L'aliment se compose d'une purée sèche, composée de dix livres de son de blé, dix livres d'avoine moulue, une livre de rebuts blancs , une livre de farine d'huile de transformation ancienne et dix livres de restes de bœuf, le tout bien mélangé. En plus de cela, ils reçoivent la nuit une nourriture composée de blé et de maïs concassé, deux parts de premier pour une de second. Environ une demi-pinte est dispersée devant chaque poulailler, vers 16 heures.

Le gravier est fourni en grandes quantités. Étant à proximité d'un broyeur de pierres, nous achetons les détritus par charrettes et les déposons en tas aux abords du verger, où ils ne se voient pas, mais sont tout à fait accessibles aux poussins.

Avec ces rations, sans aucune variation, les poulettes sont gardées jusqu'en septembre, date à laquelle elles sont transférées dans leurs quartiers d'hiver : maisons de douze pieds de large, dix pieds de haut à l'avant, inclinées jusqu'à huit pieds à l'arrière. Chaque maison est divisée par un grillage en compartiments de douze pieds, dans chacun desquels sont gardés quarante oiseaux.

L'alimentation hivernale commence dès que les oiseaux sont installés dans leurs maisons et consiste en la même purée que lorsqu'ils sont en liberté, sauf que dix livres de semoule de maïs sont ajoutées et , au lieu des dix livres de restes de bœuf commerciaux, seize livres d'os vert fraîchement concassé est utilisé, et, au lieu d'être devant eux tout le temps, on le nourrit une fois par jour, exactement ce qu'ils mangeront proprement en quinze minutes.

Jusqu'à il y a trois ans, nous humidifiions la purée et nous nourrissions à huit heures du matin. Maintenant, nous le nourrissons sec, à 14 heures ; la nuit, du blé, du maïs concassé et entier, éparpillés sur la paille coupée qui recouvre le sol de la maison. Les proportions sont de trois livres de maïs entier, une livre de blé et deux livres de maïs concassé. Les oiseaux sont toujours avides de maïs entier et, lorsqu'ils courent pour le ramasser, le maïs concassé et le blé sont secoués dans la litière, de sorte qu'ils obtiennent rarement autre chose que le maïs entier la nuit, ce qui remplit leurs récoltes. et les garde au chaud jusqu'au matin, lorsque les grains fins les incitent à gratter — exercice vigoureux, qui fait circuler leur sang et les occupe jusqu'à 8 heures du matin, lorsque les fontaines sont remplies d'eau chaude.

Pour la nourriture verte, nous utilisons la bette à carde, le chou et le colza jusqu'à ce que le gel détruise l'approvisionnement, après quoi nous recourons au foin de trèfle haché et cuit à la vapeur. Il est nourri vers 11 heures du matin, une grande pannée dans chaque compartiment, et en même temps une pinte de blé et d'avoine concassée est éparpillée sur le sol. Des graviers pointus et des coquilles d'huîtres sont toujours devant eux, et par temps très froid, les fontaines à boire sont remplies d'eau chaude à onze heures et à trois heures.

Si vous n'avez pas de verger ou d'autre endroit partiellement ombragé pour les poulaillers, il sera nécessaire d'ériger une sorte d'abri sous lequel les oiseaux pourront se reposer pendant la chaleur de la journée. N'importe quel type de matériau ou de forme fera l'affaire, à condition qu'une protection contre le soleil soit assurée. Si le libre parcours est tout à fait impossible (comme c'est souvent le cas pour les éleveurs de volailles de banlieue), les oiseaux doivent disposer d'un terrain aussi grand que possible et pourvus de beaucoup de matériel à gratter, sur lequel de petites graines doivent être dispersées deux ou trois fois par jour. Les os verts frais seront meilleurs que les restes de bœuf. La nourriture végétale est la plus impérative dans de telles circonstances. Semez une grande parcelle de bette à carde ; c'est une véritable culture à couper et à revenir. L'avoine et le colza sont également des cultures utiles pour les éleveurs de volailles qui peuvent laisser leurs oiseaux en liberté tout au long de l'été.

Un mot d'avertissement : si vous êtes réduit à couper de l'herbe ou à utiliser des tontes de gazon, veillez à les couper en courtes longueurs ne dépassant pas un pouce, sinon les oiseaux pourraient se retrouver coincés dans les cultures.

Les coqs qui entrent dans l'enclos du marché sont engraissés et vendus le plus rapidement possible, à l'exception des quelques-uns que nous gardons pour le bétail, et ceux-ci reçoivent de grands enclos et sont nourris de la même manière que les poulettes en liberté.

Pour l'engraissement des oiseaux, utilisez du maïs moulu et de l'avoine à parts égales, ajoutez une demi-partie de charbon de bois et humidifiez avec du lait écrémé. Donnez beaucoup de nourriture verte et de grains tranchants. Nourrissez peu et souvent. Toute expédition doit être utilisée en matière de commercialisation, car chaque jour de retard après avoir atteint le poids souhaité est une perte sèche.

L'élimination et la commercialisation constantes sont l'un des grands secrets du succès. L'abattage doit être observé avec la même rigueur lors de la sélection des plants d'hiver. Jetez tous les oiseaux défectueux. Il y en a toujours dans chaque troupeau, même si les oiseaux parents sont des spécimens à ruban bleu : queues ou pattes tordues, lobes d'oreille rouges au lieu de blancs, ou blancs au lieu de rouges, selon la variété que vous conservez. Les Wyandottes , Orpingtons , Plymouth Rocks, Brahmas ou Cochins devraient tous avoir des lobes d'oreille rouge vif. Les Livournes, les Minorques et les Andalous doivent être d'un blanc pur. C'est une poulette brillante et énergique qui fait la meilleure pondeuse, et il n'est rentable de garder que les meilleures pondeuses, alors mettez-les dans de petits enclos et engraissez-les. Les jeunes coqs rapportent de bons prix à l'automne, et leur absence de la ferme réduit la facture alimentaire et évite l'entassement dans la maison, toujours désastreux.

Ne tardez pas, après le premier septembre, à introduire les poulettes dans leurs quartiers d'hiver, car il est très important qu'elles s'habituent à leur nouvel environnement et se réconcilient avec le passage du libre parcours à la semi-inactivité. Il leur faut souvent cinq ou six semaines pour s'habituer aux nouvelles conditions et, à moins qu'elles n'aient le temps de s'adapter, elles ne commenceront à pondre que lorsque le froid s'installera, ce qui signifie que la production d'œufs risque d'être faible. retardé de manière non rentable.

JUILLET AU POULAILLER

IL est étrange que peu de gens, à l'exception des vrais éleveurs de volailles, réalisent que juillet est l'un des mois les plus importants de l'année. Le désir de pondre par temps nul oblige invariablement à accorder une grande attention aux poules pendant l'hiver. Les poussins suscitent l'intérêt au printemps, mais à mesure que le temps se réchauffe, les œufs sont nombreux et les jolis bébés moelleux se transforment en créatures longues et dégingandées, qui ne semblent rien d'autre qu'une nuisance spécialement conçue pour détruire le jardin, de sorte que les pauvres sont enfermés dans de petits locaux et terriblement négligés. Durant l'automne et l'hiver , on me demande à plusieurs reprises comment faire pondre les poulettes et les poules, mais je peux rarement proposer un remède, car neuf fois sur dix, c'est le résultat d'erreurs commises au cours de l'été précédent.

Je ne crois pas qu'il faille sacrifier le jardin aux poules, mais je pense qu'elles devraient être correctement contrôlées. Un rouleau de grillage de deux pouces de haut, mesurant cinq pieds de haut, ne coûte qu'environ quatre dollars. Au prix des œufs, quelques dizaines suffisent aujourd'hui pour le payer. Les poteaux peuvent être coupés dans le boisé de la plupart des fermes, de sorte qu'un enclos pour un troupeau de bonne taille peut facilement être construit pour moins de cinq dollars. Le meilleur plan est de placer une clôture de séparation au centre , de sorte que les oiseaux puissent être confinés alternativement dans une moitié , car de cette manière, une réserve de nourriture verte peut continuer à croître jusqu'au gel. Le sol doit être labouré et ensemencé de seigle ou d'avoine avant d'installer le fil. Pour que les volailles soient rentables, les vieux et les jeunes doivent être séparés, car il est impossible de se nourrir correctement lorsqu'ils sont tous ensemble. Les jeunes oiseaux ont besoin de beaucoup de nourriture nutritive pour pouvoir avancer rapidement, et les poules pondeuses doivent recevoir des rations spéciales pour provoquer une mue précoce, qui est la base d'un bon approvisionnement hivernal en œufs.

Vers le 5 juillet, commencez à réduire progressivement la nourriture, jusqu'à ce qu'au bout de deux semaines, quarante poules ne mangent qu'une pinte d'avoine et une pinte de blé mélangées, nuit et matin. Dispersez-le parmi de la paille coupée ou de la litière, ils devront donc gratter pour chaque grain. Le premier août, on commence à augmenter les rations et à les maintenir pendant une semaine, de sorte que le 15 ils reçoivent deux litres de purée le matin, un litre de restes de viande et une pinte de maïs concassé à midi et du blé et du blé. l'avoine ou l'orge le soir. Donnez-leur à peu près tout ce qu'ils mangeront proprement en quinze minutes. La purée du matin doit être composée de deux parts d'aliments moulus (maïs et avoine), d' une part de rebuts blancs et d'une part de farine d'huile, mélangées à du lait ou de l'eau bouillante. La semi-famine suivie d'une alimentation abondante force la saison de mue et laisse suffisamment de temps pour se plumer et se remettre en forme avant octobre, date à laquelle leurs rations devraient être constituées des éléments essentiels à la production d'œufs, à savoir le foin de trèfle, le son, blé, maïs et aliments pour animaux.

Vous voyez, il faut environ trois mois aux poules pour se débarrasser de leurs vieilles plumes et enfiler un nouveau pelage, et si le processus n'est pas forcé d'une manière ou d'une autre, elles ne commenceront pas avant août, ce qui ferait en octobre avant qu'elles aient terminé. . Bien sûr , ce serait suffisant s'il s'agissait d'un automne chaud et tardif, mais si un hiver froid s'installe, comme c'est souvent le cas en novembre, les poules ne pondraient pas avant le printemps, car la mue les laisse dans un état plus ou moins affaibli . condition.

Beaucoup de gens font l'erreur de vendre leurs poules dès qu'elles cessent de pondre à cette saison, ce qui signifie qu'ils se séparent généralement des oiseaux qui feraient les véritables pondeuses d'hiver. Les poules qui pondent tout l'été et ne s'arrêtent qu'à l'automne seront oisives et peu rentables en hiver. C'est le mépris généralisé de la période de mue qui est à l'origine de tant d'échecs dans l'approvisionnement hivernal en œufs. La règle devrait être de vendre toutes les poules qui ont pondu régulièrement tout l'été et qui ont commencé à perdre leurs plumes en septembre. La croissance des plumes est une épreuve éprouvante, et la conséquence est que lorsque la poule commence à muer, elle cesse de pondre, car elle ne peut pas produire d'œufs et de plumes en même temps.

Les plumes sont composées en grande partie d'azote et de matières minérales. C'est pourquoi la nourriture pendant la mue doit être très nutritive. Ne donner que du maïs à ce moment-là est tout simplement du gaspillage, car la poule ne peut pas produire de nouvelles plumes avec un tel régime. Si elle est en liberté, elle aura plus de chances de rassembler le matériel nécessaire, mais même dans ce cas, si le processus de plumage est trop retardé, la poule s'épuise et est sensible au froid et à toutes sortes de maladies. C'est la véritable raison pour laquelle le roup et la tête enflée sont si répandus à l'automne.

Les jeunes oiseaux nés vers le mois d'avril commencent généralement à pondre en novembre, car ils n'ont pas été soumis à la perte de constitution causée par la mue . Mais les poules éclos en février ou début mars sont très susceptibles de muer à la fin de l'automne, juste au moment où elles devraient commencer à pondre. Pour cette raison , il est préférable de commercialiser tous les poulets éclos en premier et de conserver ceux éclos à la fin du mois de mars ou jusqu'en avril, afin d'augmenter le troupeau de pontes.

Éliminez de près tous les jeunes animaux. Ne gardez pas beaucoup de jeunes coqs pour engloutir les bénéfices durant l'hiver. Même les poulettes qui sont un peu arriérées devraient être commercialisées, car elles ne se développeront pas après l'arrivée du froid et il ne sert à rien de les conserver pour les pondeuses estivales. La plupart des échecs enregistrés dans le secteur de la volaille sont dus au fait que les gens n'ont pas le courage de nettoyer les oiseaux non productifs. Calculez simplement combien de litres de nourriture dix oiseaux en croissance mangeront en sept mois, et je pense que vous serez convaincu qu'il est injuste d'attendre du troupeau qu'il les soutienne tout en réalisant des bénéfices. Le problème est que les gens ne se rendent pas compte que les jeunes animaux s'immobilisent dès l' arrivée du froid et restent quasiment stationnaires jusqu'au printemps. Un autre inconvénient de l' élevage d'animaux non développés est qu'ils occupent l'espace du bâtiment et encombrent les oiseaux plus âgés.

Il est maintenant temps de faire la guerre à la vermine, jusqu'à ce que durent les beaux jours ; Renvoyez les poules et faites un bon ménage. Utilisez beaucoup de badigeon de chaux chaud auquel du kérosène et de l'acide phénique brut ont été ajoutés. Si vous avez deux maisons, rassemblez tous les oiseaux dans une seule pendant quelques jours, et lorsque la maison vide a été soigneusement nettoyée, commencez à attraper les oiseaux la nuit et saupoudrez-les soigneusement. Utilisez du Dalmatien ou de la poudre faite maison dans une drague à farine en étain ordinaire, et après en avoir secoué une bonne quantité dans les plumes, utilisez vos mains pour bien la frotter dans les parties pelucheuses près de la peau. Il est bon de répéter la dose environ trois jours après. En faisant ainsi maison et oiseaux en même temps, vous pouvez être raisonnablement sûr d'avoir exterminé les nuisibles pendant quelques mois au moins. N'oubliez pas de ratisser toutes les feuilles qui tombent pour les utiliser comme matériau à gratter. Un sac éparpillé sur le sol du poulailler une à deux fois par semaine augmentera le rendement en œufs et maintiendra les oiseaux en bonne santé pendant le confinement forcé.

Avant de l'oublier, permettez-moi de vous rappeler de ne pas donner du maïs nouveau aux volailles. Chaque année, vers cette saison, je reçois quantité de lettres parlant de bonnes poules grasses, de leur état de santé, qui ont été trouvées mortes. Une indigestion aiguë, provoquée par la consommation de maïs non assaisonné, en est la cause. Donc sois prudent. Si votre réserve de l'année dernière est épuisée, il est préférable d'acheter quelques sacs plutôt que de perdre des poules dont vous dépendez pour les œufs d'hiver. Conservez autant de choux ou autres légumes verts que possible avant qu'il ne soit trop tard. Examinez la maison et bouchez toutes les fissures et crevasses. Un courant d'air provenant d'un petit trou peut donner à un oiseau un rhume qui peut se développer en groupe et infecter tout le troupeau, bien qu'un poulailler ouvert avec uniquement des moustiquaires en mousseline puisse être sain.

Concernant les maisons à façade ouverte, je n'y crois pas pour stocker du matériel. Si je devais transporter beaucoup de jeunes oiseaux ou de poules qui ne pondraient qu'en avril, j'adopterais peut-être le poulailler par économie, mais pas autrement. Je ne vois pas ce qu'ils gagnent, c'est-à-dire sous des latitudes froides. Dans le Sud, tout va probablement bien. Nous savons tous que la grande partie de la nourriture fournie par temps froid sert à maintenir la chaleur corporelle, et que si nous voulons pondre des œufs par temps nul, nous devons fournir aux poules suffisamment de provisions pour nourrir le corps, générer de la chaleur et permettre un excédent. transformés en œufs. En fournissant des dortoirs serrés et chauds, nous économisons une partie de la nourriture qui serait utilisée pour se réchauffer dans une maison froide. Je crois en beaucoup d'air frais, mais tout aime être chaud pendant les heures calmes et sombres.

J'ai souvent entendu l'argument avancé selon lequel les oiseaux sauvages , qui n'ont pas de maison, sont toujours en bonne santé. Mais combien de fois entendons-nous parler du nombre d'oiseaux retrouvés morts après une violente tempête. De plus, les oiseaux sauvages ne pondent qu'au printemps. Lorsque l'homme bouleverse les lois de la nature pour répondre aux besoins humains, il devrait cesser de citer les voies de la nature. Notre poule d'aujourd'hui, qui pond, ou est censée pondre, cent quatre-vingts à deux cents œufs par an, est une créature très différente de la poule sauvage, et il faut lui fournir une meilleure nourriture, un meilleur logement et de meilleurs soins.

Comme vous le savez bien sûr, différentes matières alimentaires contiennent des qualités différentes. Les uns nous donnent la graisse nécessaire à la chaleur ; d'autres, qualités azotées, qui forment la chair ; d'autres encore, des minéraux, comme la chaux, la soude, etc., etc., nécessaires aux os et aux muscles. Toutes sortes d'animaux, d'oiseaux et même d'êtres humains, ont besoin d'une certaine quantité de ces ingrédients, sinon une partie du corps ou du système nerveux sera affamée, tandis qu'une autre sera suralimentée. Pour la poule, il est très important qu'elle ait tous ces différents ingrédients bien mélangés dans son alimentation, car elle en a besoin non seulement pour rester en bonne santé, mais aussi pour la formation des œufs.

Nous commencerons par les aliments qui donnent la plus grande quantité de chaux, car elle est nécessaire pour la coquille, et une partie fractionnée du blanc et du jaune, la plus essentielle, car elle se transforme pendant l'incubation en os, la base même du poulet. Le foin de trèfle, la farine de lin et le son de blé contiennent environ six livres de chaux pour cent, et les feuilles de navet, les carottes et toutes les graminées en contiennent un bon pourcentage. La chair provient d'aliments azotés ou albuménaux , au premier rang desquels le bœuf, la farine de lin, les rebuts , le son, le foin de trèfle, le blé et le lait écrémé. La graisse et la chaleur nous proviennent des aliments carbonés , parmi lesquels le maïs et le sarrasin sont en tête, suivis de près par l'avoine, le blé, le seigle, le foin de trèfle, la farine de lin et le lait non écrémé.

Les matières minérales — chaux, soude, potasse, magnésie et soufre — sont principalement formées par l'action de la digestion réduisant en cendres la matière contenant ces ingrédients. Les problèmes habituels auxquels sont confrontées les volailles dans la plupart des élevages proviennent de l'alimentation d'un seul de ces éléments. Le pauvre Biddy n'a que de la chair et pas de chaleur, ou bien du gras et pas de chair.

Tuez un oiseau qui a été nourri uniquement de maïs, et il sera lourd de couches de graisse interne, mais montrera une très faible profondeur de viande de poitrine. Équilibrer les rations, en essayant d' égaliser la chair, la graisse (chaleur) et les minéraux, n'est pas une proposition très difficile lorsque les valeurs de quelques céréales et plantes sont prises en compte .

Après avoir lu jusqu'ici, vous vous rendez compte que le foin de trèfle, la farine de lin, le son, le blé, l'avoine, les restes de bœuf et le lait non écrémé contiennent pratiquement tous les équivalents des aliments d'été ; par conséquent, l'ajout de maïs, de sarrasin ou de seigle par temps froid est simple et sans danger s'il est administré uniquement pour produire de la chaleur. Ne laissez jamais la proportion dépasser ce qui est nécessaire à cet effet, sinon de la graisse sera produite et stockée, neutralisant tous vos soins. En d'autres termes, la poule nourrie uniquement de maïs, pour accumuler les dix parties de chair et vingt parties de graisse nécessaires à l'œuf, sera obligée d'acquérir cinquante parties de graisse de plus que ce dont elle a besoin.

L'os vert et l'eau restent désormais seuls à considérer. Le premier est sans aucun doute le meilleur des aliments aux œufs, car il contient presque tous les éléments nécessaires. De nombreux agriculteurs se moquent de l'idée de devoir payer un moulin pour couper les os des poulets, mais ces mêmes hommes n'en veulent pas à une faucheuse de foin pour le cheval et la vache. L'os vert signifie l'os frais du boucher, qui peut être acheté pour environ deux cents la livre. Le moulin pour le moudre coûte de huit à quinze dollars.

L'os vert contient la viande naturelle, les jus, le sang, les cartilages, l'huile et les matières minérales à l'état soluble, ce qui le rend facile à digérer, en particulier pour les oiseaux - presque tous les composants des œufs (blanc, jaune et coquille), sous la forme la plus concentrée. forme possible. Ainsi, si l'on veut que les œufs deviennent rentables, la fabrique d'os doit continuer à fonctionner. Lorsqu'il est impossible d'obtenir l'os vert ou frais, on peut utiliser l'os broyé vendu spécialement pour la volaille, bien que ce ne soit pas à moitié aussi satisfaisant, car le processus de séchage auquel il doit se soumettre avant de le broyer ne laisse que le phosphate de chaux et matière terreuse, que le trèfle et le son fournissent en meilleure forme. Au moins la moitié de l'œuf est composé d'eau, une raison suffisante pour insister sur l'importance d'un approvisionnement généreux accessible à tout moment, dans une vaisselle propre, à bonne température, fraîche en été et fraîche en hiver.

UN TROUPEAU DE DINDES

IL existe six variétés de dindes : Bronze, White Holland, Bourbon Reds, noire, chamois, ardoise et Narragansett. Mais les trois premiers sont ceux qui valent le plus la peine d'être élevés spécialement pour le marché, car ce sont de gros oiseaux et les variétés les plus populaires. Il est donc facile d'avoir un bon stock, pour commencer, ce qui est d'une importance primordiale.

Un trio de l'une quelconque des trois variétés coûtera de quinze à vingt dollars, et si seulement vingt oiseaux sont élevés la première année pour le marché, ils rapporteront au moins soixante dollars. Cela place le poids moyen à douze livres et le prix à vingt-cinq cents la livre. C'est cependant absurde, si l'on considère que les jeunes mâles pèsent vingt livres et les poulettes quinze, la nourriture ne pourrait pas coûter plus de dix dollars, ce qui laisserait trente dollars de bénéfice la première année.

Un éleveur de dindes prospère m'a dit qu'il gardait ses oiseaux dans des cours depuis douze ans, alors je me sentais en sécurité en adoptant ce plan. Je suppose que j'aurais dû dire enclos , car ils couvraient environ un demi-acre chacun. Le terrain était argileux, avec un fond rocheux, mais il y avait de nombreux touffes de broussailles et de fougères, depuis les rochers jusqu'au sommet des deux acres qu'ils utilisaient. Le terrain était en pente vers le sud ; un endroit sans intérêt terrestre pour aucun autre but, mais parfaitement idéal pour les dindes.

Cependant, comme notre ferme n'avait pas un tel endroit, j'ai utilisé une bande de broussailles pauvres qui avaient un bon drainage naturel et j'ai fait trois enclos , chacun de cent pieds de large et trois cents pieds de long. Un hangar à façade ouverte de douze pieds de long et dix pieds de large a été construit dans chacun. Ce n'étaient que des abris rudimentaires construits en dalles et les seuls accessoires étaient des perchoirs faits de poteaux de sassafras, dont aucun ne mesurait moins de neuf pouces de circonférence. C'est l'un des éléments importants dans la détermination d'une place pour les dindes. Étant des oiseaux lourds et aux grandes pattes, ils sont mal à l'aise et souffrent positivement s'ils sont condamnés à s'équilibrer sur des perchoirs légers comme ceux utilisés par les poules.

Il fallait quatre chargements de dalles pour fabriquer les trois hangars, et ils coûtaient soixante-quinze cents le chargement à la scierie. Les grillages coûtaient quarante-huit dollars, les perchoirs et les poteaux étaient coupés dans nos propres bois et l'aide à domicile faisait le travail.

J'ai acheté dix femelles de la ferme du Massachusetts pour cinquante dollars et deux mâles de Long Island pour vingt dollars. Nous avons fait venir les oiseaux début décembre afin qu'ils aient le temps de bien s'installer dans leurs nouveaux locaux avant la saison de ponte. Avant leur arrivée, la façade des hangars était recouverte d'un grillage, afin que nous puissions les garder enfermés dans un premier temps, mais après deux ou trois semaines, celui-ci a été retiré et ils ont pu accéder à la cour . Le fil autour de l' enclos ne mesurait que quatre pieds de haut et une aile de chaque oiseau était coupée pour les empêcher de voler au-dessus.

UN TROUPEAU DE DINDES

Au début de mars, un demi-tonneau a été caché dans les broussailles, dans les deux cours occupées, afin que les poules s'habituent à leur apparence et, nous l'espérions, envisagent des cachettes sûres pour leurs œufs. Le plan a répondu à merveille. Vers le milieu du mois , nous avons commencé à surveiller les œufs dans le demi-tonneau et les nids volés. Lorsqu'un œuf était trouvé, il était volé et un œuf en porcelaine mis à sa place ; idem lorsque le deuxième œuf fut pris, mais après cela, plus aucun œuf en porcelaine ne tomba, car deux semblaient toujours satisfaire Mme Turkey.

Contrairement aux poules communes, les dindes ne sont pas attirées vers un nid par un œuf. En fait, ils conservent tellement d'oiseaux sauvages qu'ils n'adopteront pas un nid qui a été utilisé par un autre oiseau, c'est pourquoi ils ne distribuent jamais de nids comme leurres, mais uniquement comme substituts à ceux extraits.

La question de l'alimentation des vieux oiseaux est d'une grande importance et constitue le point sur lequel échouent la plupart des agriculteurs. Trop souvent, les oiseaux sont laissés à eux-mêmes ou, dans le meilleur des cas, reçoivent des quantités incertaines de maïs, ce qui signifie qu'ils sont misérablement maigres et délabrés ou outrageusement gras. Dans les deux cas, il leur manque les composants que devrait posséder l'œuf à couver. Résultat, des jeunes faibles qui sont voués à mourir, quels que soient les soins qui leur sont prodigués.

J'ai entendu un jour un vieux éleveur dire que les soins du poussin doivent commencer dès l'éclosion de sa mère. Cela peut sembler ambigu pour l'amateur, mais c'est littéralement un fait et mon ami du Massachusetts m'a fait comprendre qu'il était plus puissant lorsqu'il était appliqué aux dindes. Ainsi, nos dindes sont nourries avec une attention particulière à fournir les ingrédients nécessaires à la transformation en os et en vigueur chez les futurs oiseaux. Petit-déjeuner : foin de trèfle haché, cuit à la vapeur pendant la nuit, deux litres ; maïs et avoine moulus ensemble, un litre ; restes de bœuf, une demi-pinte. A midi, un litre d'avoine, de maïs kafir ou d'orge dispersé dans les cours. La nuit, le maïs entier est utilisé lorsque le temps est très froid, mais à mesure que le temps se modère au printemps, la quantité diminue et le blé est utilisé à la place.

Ce sont leurs rations habituelles de décembre à avril, lorsque les restes de bœuf et le maïs sont entièrement omis. L'eau et le sable sont devant eux tout le temps. Nous achetons des détritus au broyeur de pierres et, comme c'est bon marché, nous en déversons une grande quantité dans chaque cour deux fois par an.

Je vole généralement les dix premiers œufs de chaque nid et je les place sous les poules. Quel que soit le nombre de pontes d'une dinde après cela, elle est autorisée à les garder et à les faire éclore. Il leur faut vingt-neuf jours pour éclore, et il faut choisir dans le poulailler de grandes poules âgées et maternelles pour faire l'incubation. Il n'est pas prudent de mettre plus de cinq œufs de ce type sous une poule ordinaire.

Lorsque l'éclosion est terminée, placez la poule dans un poulailler et, devant celui-ci, placez une boîte d'environ neuf pouces de profondeur et suffisamment grande pour former une cour dans laquelle les bébés peuvent faire de l'exercice. Il est bien sûr nécessaire de retirez une partie ou la totalité de l'extrémité de la boîte qui rejoint l'avant du poulailler, pour que les plus petits puissent entrer et sortir en courant. Couvrez le fond de la boîte avec du sable grossier et placez une petite fontaine dans un coin. Ainsi, les bébés auront un endroit sûr pour jouer pendant les premiers jours de la petite enfance, lorsqu'ils doivent être gardés au sec. Après cela, la boîte peut être retirée et le poulailler déplacé de quelques mètres chaque jour par souci de propreté.

Lorsque les couvées de Mme Turkey éclosent, nous les traitons de la même manière, seul le poulailler est spécialement conçu et est beaucoup plus grand qu'un poulailler ordinaire. La première nourriture que reçoivent les bébés est du pain rassis fait maison, trempé dans du lait échaudé, qui est extrait avant d'être nourri. Comme les petits poussins, ils ne doivent rien avoir pendant vingt-quatre heures, puis peu et souvent doivent être la règle.

Ne laissez jamais de nourriture devant les petites dindes, car elles ont tendance à trop manger. Après deux semaines, ils n'ont besoin que d'être nourris quatre fois par jour ; après la quatrième semaine, trois fois par jour. Après les deux premiers jours, ajoutez un peu d'œuf dur haché finement, sans enlever la coquille, et quelques jours après, des flocons d'avoine en forme de tête d'épingle et du charbon moulu ; environ une cuillère à café de ce dernier pour une tasse de pain et de flocons d'avoine.

Au bout de deux semaines, réduisez progressivement le pain et augmentez les flocons d'avoine, qui doivent être cuits environ une demi-heure et laissés sécher, afin qu'ils s'émiettent facilement une fois refroidis.

on peut utiliser de l'avoine moulue ordinaire, juste humidifiée avec du lait bouillant. Le foie à moitié bouilli, haché finement, est la meilleure nourriture pour animaux à donner. Lorsque cela n'est pas possible, utilisez la meilleure marque de bœuf haché du commerce, une cuillère à café pour un litre de farine, car elle est très forte et susceptible de produire de la diarrhée, une maladie qui attaque les jeunes dindes presque plus tôt que tout autre jeune oiseau. Surveillez attentivement et dès les premiers signes de relâchement intestinal, donnez à manger du riz bouilli et de l'eau de riz ou du thé froid à boire.

Surveillez les bébés nouvellement éclos pendant quelques jours au moment du repas, car il y en a souvent un ou plusieurs à qui il faut apprendre à manger. C'est particulièrement vrai lorsqu'ils sont avec des poules communes. Mais un peu de patience en s'effondrant devant eux et en les persuadant de le ramasser permettra de surmonter la difficulté. Après l' âge de huit semaines , nous les retirons des poules et les plaçons dans le troisième enclos, réservé exclusivement aux jeunes animaux.

La nuit, ils sont conduits dans le hangar, dont la façade est toujours recouverte d'un grillage, afin qu'ils puissent être enfermés jusqu'à ce qu'ils soient habitués à se percher. Bien entendu, les perchoirs de ce hangar sont placés plus près du sol et sont beaucoup plus petits que ceux destinés aux oiseaux adultes. Vers le 1er octobre, ils sont autorisés à circuler librement dans la ferme et sont nourris au maïs la nuit et reçoivent tout le lait qu'ils boiront, afin de les mettre en bonne condition de mise à mort avant Thanksgiving, lorsqu'ils seront tous vendus, à l'exception peut-être de quelques extras. les bons, que nous pouvons garder en stock. Les vieux oiseaux sont également autorisés en liberté d'octobre à février, mais ils sont nourris la nuit dans les enclos et sont enfermés afin qu'ils ne prennent pas de mauvaises habitudes d'errance.

Lorsque vous achetez du stock, soyez généreux et obtenez le meilleur d'un éleveur de dinde bien connu. Les animaux de ferme ordinaires sont si susceptibles d'être consanguins que, même si les oiseaux semblent en bonne santé, il n'est pas prudent de les acheter à des fins de reproduction, car le manque d'endurance se manifestera sûrement chez les jeunes.

Pour la même raison, il est préférable de prendre les poules d'un endroit et les mâles d'un autre. Si vous envisagez de conserver des Bourbon Reds ou du Bronze, il est conseillé d'acheter des toms semi-sauvages. Celles-ci sont le résultat du croisement de gobblers sauvages avec des poules domestiques, réalisé par de grands éleveurs pour insuffler du sang neuf et maintenir la vigueur de leur cheptel. Personnellement, je préfère la dinde blanche de Hollande, car elle est domestiquée et supporte bien le confinement.

Si vous ne gardez que quelques oiseaux, par exemple un trio ou cinq poules et un gobbler, de grands terrains ne sont pas nécessaires, mais un hangar sur lequel un filet peut être placé doit toujours être réservé à leur usage, afin qu'ils puissent être nourri et enfermé la nuit. Ne conservez jamais, sous aucun prétexte, les poulettes que vous élevez, sauf si vous changez de gobbler. Ne laissez pas deux gobblers courir avec le troupeau en même temps. Si vous souhaitez augmenter votre nombre d'oiseaux, vous devez soit installer des enclos , soit alterner les engloutisseurs tous les deux jours.

CANARDS ET OIES

LES CANARDS sont si rentables que je ne comprends pas pourquoi si peu de gens les élèvent, à moins que l'on pense à tort qu'ils doivent avoir un ruisseau ou un étang pour nager. Il est vrai que le canard flaque d'eau à l'ancienne semblait une créature misérable hors de l'eau, mais les souches améliorées sont presque autant des oiseaux terrestres que des poulets. Mon stock commençait avec deux canards et un drake qui m'avaient coûté sept dollars. La première saison, j'en ai récolté cinquante-huit, j'en ai vendu quarante-six et j'en ai gardé douze en stock. Ils étaient prêts à être commercialisés à l'âge de onze semaines, et le prix le plus bas était de dix-huit cents la livre.

Les canards doivent disposer d'un logement sec et confortable, mais une splendide maison pour vingt canards peut être construite dans n'importe quelle ferme pour un dollar, voire moins. Un homme qui élève de grands troupeaux construit des canardières avec des claies de branches vertes pour les murs et le toit, l'extérieur étant rembourré de feuilles, de paille, de tiges de maïs ou de branches de cèdre. Chaque maison mesure six pieds sur quatre et deux pieds et demi de haut et peut accueillir sept canards et un canard.

Les boîtes de produits secs, qui coûtent dix cents dans n'importe quel magasin du village, peuvent être confortables pour un petit troupeau. L'essentiel est de les garder au sec, ce qui dépend presque plus du soin apporté au revêtement du sol qu'au mur de la maison. Une bonne literie sèche, changée au moins deux fois par semaine, les gardera au chaud et heureux même par temps les plus froids.

Les œufs de canard rapportent de bons prix en février et mars. Vous pourrez alors facilement les amener à pondre, car cela dépend principalement de leur alimentation. Les canards, comme les oies ou les bovins, doivent avoir un bon pourcentage de matières en vrac et de matières vertes, ainsi que des aliments concentrés en céréales. Le foin de trèfle, ou même le foin mélangé, haché et cuit à la vapeur, environ un demi-seau avec une pinte de semoule de maïs grossièrement moulue et la même quantité de son mélangé dedans, est à peu près correct. Si le foin est court, coupez les tiges de maïs en petits morceaux et passez-les à la vapeur. Les légumes hachés de toutes sortes sont bons, mais les citrouilles, les pommes de terre et les betteraves font grossir ; ainsi, à moins que le temps ne soit très froid, omettez le maïs lorsqu'ils sont nourris, en utilisant plus de son ou de criblures à la place.

En été, demandez aux enfants de cueillir du plantain, du quai, du séneçon ou toute autre mauvaise herbe non toxique. Préparez les barils de sucre et emballez les mauvaises herbes lorsqu'elles sont fraîches. Procurez-vous une planche lourde et solide arrondie pour la placer à l'intérieur du tonneau, placez-la sur l'étoffe verte et alourdissez-la avec des pierres lourdes. Rembourrez bien avec du papier, de la sciure de bois, de la paille ou tout autre matériau meuble et remplacez la tête du baril. Lorsque la neige recouvre le sol, cette nourriture augmentera les œufs des canards et des poules.

Les feuilles de chêne, les glands et les caryers de porc ne tardent pas à se rassembler à l'automne et tonifieront l'appétit des porcs, des poules et des canards à la fin de janvier, lorsqu'ils en auront assez des aliments céréaliers.

CANARDS ET OIES

Les Imperial Pekin, Rouen et Indian Runners sont les meilleures races de canards du marché depuis quelques années et sont toujours de splendides compagnons, tant pour les œufs que pour la table, et leurs nouveaux rivaux, les canards Buff Orpington , les égalent tout à fait en tant qu'oiseaux utilitaires.

Les canards font de si mauvaises mères qu'il est préférable de faire éclore leurs œufs sous des poules ou dans des incubateurs. Les premiers œufs pondus par un canard chaque saison sont rarement fertiles. Onze sont une séance complète, et il faut vingt-huit jours pour leur éclosion. Examinez le nid tous les deux ou trois jours après la mise en place de la poule, pour détecter les œufs défectueux. Un germe faible qui meurt provoque la décomposition de l'œuf et l' odeur une fois sentie ne pourra jamais être oubliée.

Examinez le nid lorsque la poule vient se nourrir et retirez les œufs foncés et marbrés. Si vous pensez qu'un œuf n'a pas l'air bien, ramassez-le et sentez-le ; cela et son toucher collant vous l'assurent, car l'œuf est poreux. Si vous utilisez un incubateur pour faire éclore les poussins, vous pouvez tester avec un testeur approprié, et cela doit être fait à tout moment, du quatrième au quinzième jour.

Lorsque l'écoutille sera terminée, à la fin du vingt-huitième jour, préparez une boîte d'environ un pied de profondeur et trois pieds de longueur, le dessus ouvert et une extrémité enlevée. Placez l'extrémité ouverte contre la porte du poulailler, en faisant ainsi une petite course, avec un plancher en planches recouvert d'un pouce de sable sec ou de terre. Les bébés canards ont besoin d'encore plus de protection contre l'humidité que les poussins ; donc, s'il fait mauvais, gardez le poulailler et courez à l'abri, et s'il fait beau, l'ombre d'un arbre est nécessaire, car les petits ne supportent pas le plein soleil. Après une semaine, les poules peuvent être retirées, mais gardez-les dans les limites de l'herbe courte et ne les laissez pas sortir jusqu'à ce que la rosée soit partie.

Pendant vingt-quatre heures, ne rien nourrir. Première semaine : une demi-pinte de flocons d'avoine, des craquelins ou de la chapelure rassis, deux œufs durs hachés finement, une demi-tasse de sable grossier juste humidifié avec du lait. Nourrissez quatre fois par jour exactement ce qu'ils mangeront en dix minutes.

Deuxième et troisième semaines : une demi-livre d'avoine moulue, la même chose de son de blé, un quart de pinte de semoule de maïs, la même chose de sable grossier, deux cuillères à soupe de farine de bœuf, une pinte de trèfle vert finement coupé, du seigle. ou du chou humidifié avec du lait échaudé. Ils doivent être nourris quatre fois par jour.

Quatrième à sixième semaine : faites bouillir un litre d'avoine décortiquée pendant une heure, ajoutez une pinte de semoule de maïs, du son de blé, une demi-pinte de grain fin, la même chose de restes de bœuf et un litre de trèfle ou tout type d'aliment vert. Nourrir quatre fois par jour.

Sixième à dixième semaine : un litre de semoule de maïs, une pinte de son de blé, une pinte d'avoine bouillie, une pinte de restes de bœuf, une demi-pinte de gruau, une cuillère à soupe de charbon de bois et une pinte de trèfle. Nourrir trois fois par jour.

Ils devraient être prêts à tuer la onzième semaine.

Ne laissez pas les canards, jeunes ou vieux, avoir peur si vous pouvez l'aider. Ce sont des choses nerveuses. Peu importe ce que vous leur donnez, s'ils sont effrayés ou obligés de courir quotidiennement, ils ne grossiront pas. Si vous les contournez doucement, ce sont les choses les plus faciles à conduire, quelle que soit la distance, car là où l'on va, tous le suivent ; dépêchez-les et ils se disperseront, et c'est au revoir pour eux pendant des heures.

La nourriture pour ceux qui doivent être gardés pour le bétail est la même jusqu'à l'âge de trois semaines, mais à partir de là, il y a un litre d'aliment moulu, un litre de son, une demi-pinte de gruau et une demi-pinte de restes de bœuf. Mélanger l'humidité avec du lait, de l'eau, du lait aigre ou du babeurre et nourrir nuit et matin. S'ils sont en liberté, c'est tout ce qu'ils veulent. Sinon, vous devez ajouter du trèfle ou des légumes et nourrir trois fois par jour. N'oubliez pas de toujours avoir de l'eau fraîche et propre devant eux.

Lorsque les canards ont dix ou onze semaines, ils devraient être en état d'être commercialisés. Les premiers canards verts ne devraient pas peser plus de quatre livres et demi, tandis que les canards plus tardifs ne peuvent pas être trop lourds. En règle générale , les premiers canards mûrissent de manière très inégale, ce qui nécessite de les trier souvent.

Les canards ne sont aptes à s'habiller que pendant une courte période. Ils « retournent en arrière », comme on dit, car ils perdent et poussent un nouveau lot de plumes, ce qui prend toute la graisse et tout votre profit. D'où l'importance de les transformer en argent le plus tôt possible.

En vinaigrette, il est préférable de choisir à sec. Bien que certains soient encore échaudés, les stocks cueillis à sec se vendent mieux que les stocks échaudés, surtout lorsque le marché est morne, car ils peuvent être congelés, contrairement aux stocks échaudés. Pour la cueillette à sec, prévoyez une boîte pour les plumes. Il peut être de n'importe quelle taille que vous souhaitez sur le sol et doit être d'une profondeur telle que le bord supérieur soit d'un ou deux pouces plus bas que votre genou en position assise. Pour refroidir les canards, on sciait un baril de charbon et de pétrole en deux ;

utilisez la moitié pour le refroidissement, l'autre moitié pour l'eau claire pour les mettre après le lavage.

Pour tuer, attrapez les pieds avec la main gauche et le cou près de la poitrine avec la main droite, puis, d'un mouvement de balancement (le même que celui d'une hache), frappez l'arrière de la tête contre un poteau avec suffisamment de force pour tuer. faire sortir le sang des oreilles. Maintenant, d'un mouvement rapide, placez le corps sous votre bras gauche, en attrapant l'arrière de la tête et le haut du bec dans la main gauche. À l'aide d'un couteau doté d'une lame de cinq pouces, faites une incision transversale à la base du cerveau, puis tournez le bord vers le palais et coupez vers l'extérieur, en prenant soin de ne pas fendre le bec. Laissez couler le sang pendant deux secondes.

Asseyez-vous. Placez vos genoux contre le cou juste assez serré pour le maintenir en place. Si trop de pression est exercée, cela arrêtera la circulation du sang et donnera à la chair un aspect rouge. Tenez les pieds et les ailes dans la main gauche. Commencez à cueillir au niveau de l'évent, puis de la poitrine et du cou. Les plumes sont laissées sur la moitié du cou et sur les ailes dès la première articulation. Cueillez au fur et à mesure, car une fois le canard refroidi, il sera difficile à cueillir. Les experts utilisent un couteau de cordonnier affûté finement et l'affûtent de la même manière qu'un rasoir pour raser l'épingle et les petites plumes.

Après la cueillette, plongez-les dans de l'eau glacée ou de l'eau de source froide jusqu'à ce que la chaleur animale disparaisse ; puis lavez les pieds et lavez tout caillot de sang de la bouche et de la gorge ; puis mettez dans un autre récipient d'eau, ce qui enlève toutes les taches et donne une belle apparence propre. Une fois qu'ils sont propres, vous pouvez les mettre dans un tonneau ou une boîte avec de la glace pilée, et s'ils sont laissés dans cet état pendant douze à vingt-quatre heures, ils peuvent être expédiés sur une longue distance avec peu de glace. Pour que les canards habillés se présentent bien, il est nécessaire de les sortir de l'eau propre à l'arrivée. Le deuxième récipient doit contenir de l'eau propre dès que le temps devient trouble.

Lors de l'emballage pour l'expédition, utilisez des fûts de farine ou de sucre. Pack avec le dos vers le bas, en mettant la tête sous l'aile. Fermez le paquet et laissez un espace dessus pour la glace. Soulevez le cerceau supérieur, placez la toile de jute sur le dessus, remettez le cerceau en place, avec la toile de jute en dessous, et clouez fermement. Avant utilisation, le canon doit être soigneusement lavé. Percez deux trous de trois quarts de pouce dans le fond pour drainer.

Une oie pondra de dix à vingt œufs et voudra ensuite s'asseoir ; mais si vous l'enfermez à la vue de ses compagnes, quatre ou cinq jours suffiront pour la briser. Si elle pond une troisième couvée d'œufs, laissez-la les garder et s'asseoir.

Quand le temps est doux, déposez cinq œufs sous une poule ; ou, si elle est très grande, on pourrait en risquer sept. Il faut de vingt-huit à trente jours pour que les œufs d'oie éclosent. Comme la peau est très dure, il est bon d'arroser un peu d'eau autour du nid, et même sur les œufs eux-mêmes, au cours des deux dernières semaines, surtout si le temps est sec et que ce sont les poules qui couvent.

Les jeunes n'ont besoin de rien pendant les trente-six premières heures. Ensuite, nourrissez-le de semoule de maïs échaudée - la plus grossière - et de son de blé, de trèfle vert haché ou de jeunes flocons d'avoine verts coupés finement, de fanes d'oignons verts, de feuilles de laitue ou de tout jeune vert tendre.

S'il fait beau, installez le poulailler contenant Biddy et sa famille sur l'herbe, en faisant un petit terrain devant les premiers jours, pour éviter qu'ils ne s'éloignent trop. Déplacez le poulailler et la cour vers un nouvel endroit pendant qu'ils mangent l'herbe. Comme les jeunes canards, leur eau de boisson doit être dans un récipient qui leur permet de mettre tout le bec dans l'eau, sinon ils risquent d'obstruer les voies respiratoires avec de la nourriture molle, provoquant l'étouffement de l'oison ; mais il ne faut en aucun cas leur permettre de mettre leur corps dans l'eau, car ils se refroidissent et ont si facilement des crampes.

Il est préférable d'acheter des oiseaux de deux ou trois ans auprès d'un revendeur fiable plutôt que d'obtenir des œufs à pondre et d'attendre qu'ils se développent. Une fois la saison de reproduction terminée, les oies et les oisons ont besoin de peu de céréales s'ils se trouvent sur les prairies. À la fin de l'automne, les oies se portent bien si elles sont placées dans le chaume de maïs ou dans le verger, où elles nettoieront toutes les aubaines, ce qui contribue grandement à éliminer les larves et les insectes.

PIGEONS ET POINTEAUS

LORSQUE les pigeons sont élevés pour l'élevage de pigeonneaux, c'est l'une des entreprises les plus rentables dans lesquelles les banlieusards ou les vrais gens de la campagne peuvent se lancer. Les jeunes sont prêts à être commercialisés à l'âge de quatre semaines ; le prix de gros moyen est de trois dollars la douzaine. Les clients privés paieront quarante cents par couple tout au long des mois d'hiver, et un bon couple d'oiseaux matures élèvera deux pigeonneaux toutes les quatre semaines pendant neuf mois de l'année, ce qui signifie que chaque vieux couple d'oiseaux devrait fournir un et demi. douzaine de pigeonneaux, qui seront commercialisés pour quatre dollars et cinquante cents. Le coût de subsistance est censé être de cinquante cents par an, mais en admettant un dollar par an, il devrait y avoir un bénéfice net de trois dollars et cinquante cents.

Ces estimations sont faites sur de bons pigeons domestiques, bien hébergés et soignés, et non sur des oiseaux communs et quelconques, menant une existence à moitié sauvage, avec pour seul abri à l'ancienne derrière une rangée de trous en hauteur dans la grange, où les nids sont exposés aux intempéries. chaque tempête; en outre, les jeunes des pigeons bâtards ne pèsent que cinq ou six onces à l'âge de quatre semaines, et sont si maigres et si peu appétissants qu'ils sont difficiles à vendre à n'importe quel prix, tandis que les homers du même âge pèsent de douze à vingt onces et sont à la peau blanche et dodue. Les homers matures coûteront environ deux dollars la paire dans n'importe quel colombier reconnu , mais il ne sert à rien d'acheter ailleurs, car à moins que les oiseaux ne soient des couples accouplés, vous risquez de perdre une autre saison. Les pigeons sont des créatures fidèles et restent en couple pendant des années, et si un accident arrive à l'un d'eux, ils refuseront souvent de s'accoupler une seconde fois au cours de la même saison. Les jeunes oiseaux qui ne sont accouplés qu'au moment de la vente sont susceptibles de s'opposer aux partenaires choisis pour eux et de procéder à un choix personnel lorsqu'ils sont libérés au milieu d'une volée d'oiseaux étranges. Soyez donc sage et achetez uniquement auprès d'éleveurs expérimentés et fiables.

La maison la plus commode pour élever des pigeonneaux est construite comme un poulailler, d'environ douze pieds de largeur, huit pieds de hauteur en façade, en pente jusqu'à six pieds en arrière, et de n'importe quelle longueur, selon le nombre d'oiseaux gardés. Ayez beaucoup de fenêtres devant la maison et des ouvertures de six pouces carrés, espacées de trois pieds, tout le long de l'arrière de la maison, à environ un pied du toit. Placez une planche de neuf pouces sur toute la longueur de la maison comme plate-forme sur laquelle les oiseaux peuvent se poser lorsqu'ils entrent et sortent, et il est tout aussi bien d'avoir une planche similaire juste sous les trous à l'intérieur de la maison. Installez trois ou quatre perchoirs près des fenêtres avant, afin que les oiseaux puissent voler d'un côté à l'autre de la maison les jours de pluie pour faire de l'exercice.

Le nombre d'oiseaux pouvant être gardés dans chaque bâtiment peut être plus facilement estimé par les nids. Chaque paire de couveuses doit être munie de nichoirs divisés en deux compartiments de douze pouces carrés. Ils peuvent être disposés en niveaux tout le long des murs latéraux, arrière et avant, et du sol au plafond. Placez le premier étage à environ dix-huit pouces du sol, car les oiseaux ne semblent pas aimer les nids inférieurs. Fixez de petits perchoirs d'environ un pied de long à la cloison de chaque boîte, pour la commodité des oiseaux lorsqu'ils volent d'avant en arrière et lorsqu'ils nourrissent leurs petits.

Avant que la maison ne soit occupée, elle doit être soigneusement blanchie à la chaux, le sol recouvert de sable ou d'enduit de terre, et des plats en terre cuite appelés « couches », qui coûtent un dollar la douzaine, doivent être placés, un dans chaque compartiment. Suspendez une botte de foin coupé dans un coin de la maison, car certains oiseaux aiment faire leur propre nid, tandis que d'autres semblent penser qu'une poignée de tiges de tabac, qu'il est bon de placer dans chaque couche pour lutter contre la vermine, , est tout à fait suffisant.

Les fontaines à eau et les mangeoires dans lesquelles les oiseaux ne peuvent mettre que leur bec sont impératives pour les pigeons, car ils sont très exigeants et ne boivent pas de nourriture ou de boisson souillées à moins d'y être affamés. Pourtant, s'ils ont des boîtes à nourriture et à eau ouvertes, ils disperseront le contenu sur le sol. Il existe sur le marché une mangeoire en fer galvanisé qui coûte un dollar et qui comporte sept ouvertures, de sorte que plusieurs oiseaux peuvent se nourrir en même temps . Les fontaines à eau faites du même matériau sont pratiquement indestructibles et ne coûtent que cinquante cents.

La cour et le fly doivent bien sûr être entièrement fermés aux pigeons et doivent être plus hauts de quatre pieds que la façade de la maison, afin que les oiseaux puissent utiliser le toit comme solarium . Nous utilisons des solives de quatre par quatre, coupées en longueurs de douze pieds, pour la façade de la maison, car elles peuvent être clouées à la maison et n'ont pas besoin d'être enfoncées dans le sol, comme celles du côté et de l'extrémité doivent l'être. . Les solives des côtés et des extrémités sont coupées en longueurs de treize pieds et demi, ce qui permet d'enfoncer un pied et demi dans le sol. Ces mesures permettent d'utiliser des filets de quatre pieds sans aucun gaspillage. Pour une maison de douze pieds de long, je pense que la cour devrait mesurer au moins cinquante pieds. Érigez plusieurs perchoirs à l'extrémité de la cour, une plate-forme d'environ deux pieds de large et quatre pieds de long sur des pieds de trois pieds de haut au centre de la cour sur laquelle les baignoires pourront se tenir debout. Les pigeons doivent prendre un bain, car la propreté est une nécessité ; une casserole d'environ deux pieds carrés et quatre pouces de profondeur est la meilleure taille, et elles peuvent être achetées en fer galvanisé pour un dollar chacune.

Le blé rouge, le maïs Kafir, le maïs concassé, les pois de grande culture du Canada, le millet allemand et les graines de chanvre conviennent tous aux pigeons. Ils doivent être alternés, ou un ou deux mélangés ensemble. Bien sûr, parfois une céréale est moins chère qu'une autre, ou plus facile à obtenir dans certaines régions, mais n'utilisez pas une seule céréale exclusivement. Les pigeons doivent être variés.

Nous suivons les rations recommandées par WE Rice, un éleveur de pigeons très expérimenté. Matin : Parties égales de maïs concassé, de maïs Kafir et de blé. Soir : Maïs concassé et pois canadiens. Ces repas réguliers sont introduits dans les mangeoires en quantité suffisante pour assurer aux oiseaux un approvisionnement constant. Les friandises que nous donnons à des moments inhabituels, comme le mil, le chanvre et le riz, sont jetées par terre, car, comme elles ne sont nourries qu'en quantités relativement faibles, elles sont mangées immédiatement et il n'y a donc aucun danger qu'elles soient perdues. souillé. N'oubliez pas de toujours acheter du blé rouge et non blanc, car ce dernier est très susceptible de provoquer la diarrhée.

Une fois par semaine, nous leur donnons un repas de pain rassis trempé dans du lait écrémé et à nouveau pressé presque à sec, car nous avons beaucoup de lait écrémé, et le pain que nous achetons chez un boulanger de la ville pour vingt-cinq cents. un tonneau. Le fret coûte encore vingt-cinq cents, mais même à cinquante cents le baril, nous trouvons que c'est un aliment économique lorsqu'il y a beaucoup de pigeonneaux à engraisser pour le marché.

Les oiseaux parents assument toute la peine et la responsabilité de nourrir et d'élever les petits jusqu'au moment où ils sont prêts à être commercialisés. L'oiseau-poule pond deux œufs, espacés d'un jour, qui mettent dix-huit jours à incuber. Après l'éclosion des œufs, les deux oiseaux consacrent toute leur énergie à nourrir les petits pendant environ deux semaines, car tous deux ont le pouvoir de sécréter la substance prédigérée souvent appelée lait de pigeon, dont les oisillons sont exclusivement nourris pendant les premiers jours. Au bout de deux semaines, la poule a généralement pondu deux œufs supplémentaires dans le deuxième nid, de sorte qu'au moment où les pigeonneaux du premier nid sont prêts à être commercialisés, les seconds œufs sont prêts à éclore. C'est cette double famille qui nécessite deux nids pour chaque couple d'oiseaux.

La propreté est encore plus impérative au pigeonnier qu'au poulailler. Ne négligez jamais d'ébouillanter le nid en terre cuite et de blanchir à la chaux le compartiment dans lequel il se trouve, chaque fois que les pigeonneaux sont retirés pour le marché, car ce n'est que par un système aussi rigide que l'endroit peut être maintenu dans un état sanitaire. Les pigeons doivent avoir des coquilles, du sel et du charbon de bois pour être en bonne santé. Il devrait donc y avoir une mangeoire automatique à trois compartiments dans chaque bâtiment. Lors de la commande, précisez que la coquille d'huître est destinée aux pigeons, car elle doit être brisée plus petite que pour les poules. Le sel gemme et le charbon de bois doivent être broyés à peu près de la taille d'un riz. Pendant la forte saison de reproduction, nous écrasons la plupart des céréales, et toujours les pois, car lorsque les oiseaux parents sont pressés entre leurs deux nids, ils sont très susceptibles de ramasser des céréales entières et de nourrir les jeunes oiseaux avant qu'ils ne soient capables de digérer. il. Jusqu'à ce que nous découvrions cette négligence, nous avions souvent un pigeonneau mort dans le nid. Les mangeoires peuvent rester remplies, car les pigeons ne mangent jamais trop et doivent avoir accès à la nourriture à tout moment lorsqu'ils ont des petits à nourrir.

Si vous commencez avec quelques couples d'oiseaux, la meilleure façon d'augmenter le nombre est de vendre les pigeonneaux et d'utiliser l'argent pour acheter des oiseaux adultes, car il faut six mois aux pigeons pour atteindre la maturité et il est nécessaire d'en avoir deux supplémentaires. des maisons dans lesquelles garder les oiseaux en croissance, car ils ne devraient pas être autorisés à rester dans l'enclos à couvain habituel. Toutefois, si vous avez des oiseaux spécialement accouplés et que vous désirez élever leur progéniture, vous devez surveiller les nids, et dès que les jeunes sortent par terre (les vieux les repoussent généralement lorsque les œufs du deuxième nid éclosent), ils peuvent se débrouiller seuls et doivent être emmenés dans une pépinière, où tous les aliments doivent être concassés à la taille d'un riz pendant plusieurs semaines. Lorsqu'on désire acquérir de la taille et des points forts, il est nécessaire d'avoir deux pouponnières, et ainsi d'être en mesure de sélectionner les meilleurs oiseaux de différentes parentés pour s'accoupler.

Pour illustrer : les oisillons d'un côté de la maison devraient aller dans la pépinière n° 1, les oisillons de l'autre côté dans la pépinière n° 2. Nos pépinières ne mesurent que sept pieds sur dix, nous n'avons donc jamais plus de vingt oiseaux dans chacune, et ils peuvent être pris à quelques jours d'intervalle, ce qui fait très peu de différence d'âge en ce qui concerne le moment de l'accouplement. Lorsque les plus jeunes des pépinières ont entre six et sept mois, nous prenons un oiseau de chacun et les mettons dans une cage d'accouplement, qui est en réalité un poulailler, long de quatre pieds, profond de deux pieds et demi et de deux pieds. haut, qui est fixé dans un coin de la mangeoire. Le poulailler est divisé en deux compartiments par une porte grillagée. Un oiseau est placé dans chaque compartiment. S'il s'agit d'un mâle et d'une femelle, ils commenceront au bout d'une semaine ou deux à roucouler et à se parler à travers le fil, moment auquel le compartiment est fixé jusqu'au sommet de la cage, et ils sont autorisés à courir. le poulailler pendant trois ou quatre jours, après quoi ils sont placés dans un élevage régulier, où ils prendront bientôt possession du nid. Toutefois, si les oiseaux choisis s'ignorent simplement après avoir été placés dans la cage d'accouplement, l'un d'eux est transféré dans une autre cage et deux autres oiseaux sont retirés de la pouponnière et placés dans les deux compartiments. De cette façon, nous parcourons les nids jusqu'à ce qu'ils soient tous appariés.

MALADIES DE LA VOLAILLE

CE N'EST QUE dans de rares cas que les volailles nécessitent un traitement médical, mais il est bon d'être préparé avec suffisamment de connaissances pour reconnaître les symptômes d'un problème imminent. Quelques petits poulaillers doivent être conservés dans des latrines sèches et abritées, pour être utilisés comme quartiers de quarantaine. Les boîtes de marchandises vides retournées sur le côté, avec la moitié de la façade recouverte d'un panneau et une porte en grillage pour fermer l'autre moitié, constituent de bons poulaillers pour les patients individuels. Ils doivent être recouverts tout autour, sur les côtés, en haut et en bas, de papier de toiture, pour garantir l'absence de courants d'air. Les boîtes peuvent être de n'importe quelle taille, mais je les aime environ dix-huit pouces de largeur et de hauteur et environ deux pieds et demi de longueur. Pour éviter l'humidité et pour faciliter l'observation des oiseaux, il est conseillé de les surélever sur des pattes ou de les placer sur une étagère ou un banc. Avant leur utilisation ou chaque fois qu'ils sont libérés, ils doivent être désinfectés et l'intérieur soigneusement peint à la chaux. Les coupelles émaillées sans anses peuvent être fixées sur le côté du poulailler par des boucles métalliques.

Le visiteur le plus redouté dans une ferme avicole est le roupe , car non seulement il affecte l'oiseau pendant la période de maladie immédiate, mais il laisse derrière lui toutes sortes de faiblesses constitutionnelles à la progéniture de l'oiseau. Chaque éleveur de volailles devrait prendre l'habitude de scruter son troupeau au moment du repas. Un oiseau suspect doit être capturé et transféré immédiatement dans les locaux de quarantaine. Les symptômes du rhume, de la grippe, du chancre, de la diphtérie et du roup sont dans les premiers stades presque identiques : larmoiement, éternuements, écoulement des narines ou narines bouchées (les narines sont les deux petits trous à la base du bec). . Lorsque l'oiseau présente l'un de ces symptômes, ouvrez le bec et regardez dans la gorge. S'il n'y a aucun signe de trouble, vous pouvez être sûr qu'il n'y a qu'un simple rhume à combattre, que quelques jours d'hôpital guériront.

Donnez des aliments légers et faciles à digérer, comme du pain rassis trempé dans du lait échaudé et pressé presque à sec ou de la semoule de maïs bien cuite à la vapeur. Mettez dix gouttes d'alcool de camphre sur un morceau de sucre, puis dissolvez le sucre dans une demi-pinte d'eau et utilisez-le dans le gobelet. Si toutefois l'examen révèle des taches jaunes sur la bouche ou dans la gorge, ou un écoulement épais et visqueux des yeux et des narines, il s'agit d'un cas grave de catarrhe ou de rhume roupyeux, qui peut, s'il est négligé, évoluer en roupie maligne . Dans toute la gamme des rhumes et des maladies du roupy, il n'y a pas d'odeur particulière jusqu'à ce que le roupy malin se développe positivement. Ensuite, il y a une odeur très offensive et indubitable .

un groupe toutes les maladies qui dépassent le simple rhume , et vous privilégierez la sécurité. Dans les derniers stades et les plus malins du groupe , la face et les yeux ou la tête sont très susceptibles d'être gravement enflés, et si les choses ont progressé jusqu'à un tel état, avant que l'oiseau ne soit retiré du troupeau, il est bon de prendre le précaution de désinfecter les assiettes d'abreuvement et d'alimentation et, d'une manière générale, de nettoyer le poulailler et d'ajouter un désinfectant à l'eau de boisson pendant quelques jours. Le permanganate de potassium est ce que j'utilise généralement, car il est bon marché et très efficace pour tuer les germes. Dissolvez une cuillère à café dans un litre d'eau tiède, et vous obtiendrez une solution si forte que, pour tous les usages ordinaires, vous pourrez la diluer à nouveau à raison d'une cuillère à café pour cinq d'eau.

Traitement du groupe : Lavez d'abord tout écoulement qui aurait pu s'accumuler autour des yeux et du bec avec de l'eau tiède et du permanganate ; remplissez ensuite un atomiseur avec une solution de permanganate diluée et vaporisez soigneusement la gorge et les narines. Répétez soir et matin, aussi longtemps que cela semble nécessaire. Gardez le régime léger recommandé pour le rhume.

L'indigestion et les stades intermédiaires jusqu'à la gastrite aiguë et les troubles hépatiques proviennent tous des mêmes causes et succombent aux mêmes remèdes, nous les considérerons donc de manière connectée. Elles sont causées par une alimentation indiscrète ou excessive ; une purée qu'on a laissée devenir aigre ; un excès de pain, de pommes de terre ou de graisse dans les restes de table donnés aux oiseaux ; manque de maïs, de légumes ou de grains tranchants ; les poudres de condition, les pâtées aux œufs et ces condiments, s'ils sont administrés fréquemment, affecteront les organes digestifs et provoqueront une indigestion. Au début, le malade a l'air morose et stupide ; le peigne est pâle. A ce stade, quelques jours d'hôpital, une dose de magnésie et une réforme du régime alimentaire permettront de guérir. Mettez environ un tiers de cuillère à café de sulfate de magnésie dans une tasse d'eau potable. Donnez une purée composée de trois parties de foin de trèfle finement coupé, soigneusement cuit à la vapeur, et d'une partie de maïs et d'avoine grossièrement moulus. Si vous n'avez pas de foin de trèfle, utilisez plutôt du son de blé ; des pommes hachées, de la laitue ou des légumes verts devraient constituer le repas de midi. Mettez une petite casserole de gravier pointu dans le poulailler. Les symptômes avancés sont des excréments aqueux et jaunâtres et la soif, et la crête devient rouge ardent, qui peut progressivement s'assombrir jusqu'au pourpre à mesure que l'état de l'oiseau s'aggrave. Administrer une cuillère à café d'huile de ricin ; nourrissez-vous avec parcimonie de purée, qui à ce stade doit être composée de riz bouilli, de pain échaudé et de lait ou de fromage cottage. Si la dysenterie est très grave, remplissez un récipient avec l'eau dans laquelle le riz a été bouilli. Après huit heures de régime, ajoutez vingt-cinq gouttes de teinture de nux vomica à une demi-pinte d'eau de riz. Continuez avec une alimentation légère et nourrissante pendant environ une semaine.

À l'automne, les volailles sont fréquemment laissées en liberté, avant la récolte du maïs et des autres récoltes, ce qui fait qu'elles se gavent de maïs nouveau, qui est très sujet à la chaleur et au gonflement. En été, les gens ont tendance à couper l'herbe et à la jeter aux poules du parc, qui la mangent avidement, mais cela cause invariablement des problèmes, car il est trop long. Les tontes de gazon, qui ne mesurent pas plus d'un pouce de longueur, sont tout à fait sûres et, bien sûr, fournissent la nourriture verte dont ils ont particulièrement besoin par temps chaud. Lorsque l'oiseau a un jabot inhabituellement gros et montre des signes de détresse, attrapez-le et tenez-le par les pattes, la tête vers le bas, puis travaillez doucement le jabot de manière à pousser un peu du contenu dans la gorge et dehors par le bec. . Même si seulement quelques grains peuvent être éjectés de cette manière, cela contribuera à l'état tendu de la récolte et soulagera les souffrances de l'oiseau. Administrer une dose d'huile de ricin ou d'huile douce.

Il arrive parfois qu'un cas tenace ne puisse être soulagé par des moyens simples et qu'il faille alors recourir à la chirurgie. Attachez les pattes ensemble et les ailes près du corps avec une large bande de mousseline, placez l'oiseau sur le côté sur la table, en appelant à l'aide pour le maintenir immobile, et avec un canif bien aiguisé faites une petite fente, d'abord dans la peau extérieure, en tirant légèrement un côté vers l'extérieur, puis en effectuant une insertion dans la récolte elle-même. Retirez délicatement le contenu. Vous n'avez pas besoin d'être du tout nerveux à propos de l'opération, qui est plutôt indolore. Une fois la récolte vidée, prenez une aiguille moyennement fine enfilée avec une fine soie à coudre. Prenez deux ou trois points de suture et coupez le fil, rapprochez les bords de la peau extérieure et fixez-les avec deux ou trois points. Bien entendu, le jabot et la peau extérieure ne doivent en aucun cas être assemblés par couture. Gardez l'oiseau avec des rations très maigres pendant une semaine ou dix jours.

La maladie la plus courante chez les nourrissons Il s'agit de troubles intestinaux , et il faut être attentif aux premiers signes, tout au long de la saison d'éclosion, car quelques heures signifient beaucoup pour la vie fragile d'un bébé. Le froid, l'humidité, une alimentation inappropriée ou une eau de boisson sale en sont les causes habituelles. En cas de relâchement des fientes, retirer l'eau de boisson et la remplacer soit par du lait échaudé et laissé refroidir, soit par de l'eau de riz, selon les symptômes. Donnez du riz bouilli au moins une fois par jour. Si les poussins sont dans une couveuse, réglez la température un peu plus haut que dans des circonstances normales. S'ils sont avec une poule, gardez-la confinée dans le poulailler pour que les poussins puissent se blottir contre elle.

Gapes est le deuxième fléau de la vie des poussins. Le Gapes n'est pas vraiment une maladie, mais l'effet d'un ver parasite, censé se matérialiser uniquement sur un sol dans lequel des fientes de volailles ont été déposées depuis plusieurs saisons. Un ver béant ne mesure qu'environ cinq seizièmes de pouce de longueur et n'est pas plus épais qu'un fil fin. Une fois introduit dans la gorge de l'oiseau, il s'y attache et suce le sang de sa victime, et, bien entendu, un petit poussin n'a pas la force de l'éjecter, même s'il tousse ou reste bouche bée. Ils se multiplient très rapidement. Certains des remèdes sont les suivants : trempez l'extrémité d'une petite plume d'aile dans de la térébenthine, poussez-la dans la gorge de l'oiseau, tournez-la deux ou trois fois rapidement et retirez-la. Le ver peut venir avec. Une autre solution consiste à mélanger du sel et de l'eau ou du tabac trempé dans l'eau pendant dix minutes ; versez-en une cuillerée à soupe dans la gorge de l'oiseau, en gardant la tête haute et les deux trous à la base du bec recouverts avec le pouce et l'index pendant que vous comptez cinq. Relâchez et retournez brusquement l'oiseau en le tenant par les pattes. Il haletera, bafouillera et éjectera généralement le ver. Pour exterminer les parasites, arrosez de chaux vive le sol sur lequel les oiseaux ont été enfermés et enfermés (en gardant les oiseaux enfermés en toute sécurité, afin qu'ils ne puissent pas entrer ou manger la chaux). Laissez-le reposer toute la nuit, puis enfouissez-le. Si un tel traitement est impossible, déplacez tous les jeunes animaux vers une autre partie de la ferme. Les oiseaux adultes ont la force d'éjecter les vers.

LE Potager

IL est conseillé de planifier le jardin sur papier et d'établir des listes de graines au début du printemps, pour gagner du temps plus tard. Bien entendu, chaque famille aura ses légumes préférés qui auront préséance sur les autres, de sorte que seul le goût individuel peut déterminer l'espace alloué à chaque variété. Notre sélection et notre plan ont été faits en tenant dûment compte des cornichons et des conserves de table, tous abondamment fournis. Par conséquent, si votre discrimination sur de tels sujets est encore trop peu développée pour être digne de confiance, acceptez notre expérience de cette année et vous saurez alors comment la reconstruire pour vos besoins personnels. Lors de la planification sur papier, il convient de prendre en compte la deuxième récolte ainsi que les semis de printemps.

L'un des avantages d'envoyer des semences tôt est que vous êtes sûr d'obtenir les variétés sélectionnées, alors que plus tard dans la saison, « les meilleures » sont souvent épuisées.

Lors du choix d'un site, n'oubliez pas qu'une légère pente vers le sud ou le sud-est est souhaitable. La taille doit dépendre beaucoup du fait que vous ayez ou non l'intention d'avoir une parcelle de baies séparée. Une superficie de cent pieds sur soixante-quinze pieds fournira à une petite famille moyenne des légumes pour la table, à l'exception des pommes de terre d'hiver, qui devraient être une culture de plein champ.

Une protection contre les tempêtes du nord-est devrait être assurée. Le cèdre ou le troène constituent la haie idéale à de telles fins, mais cela demande du temps et de l'argent ; ainsi, pendant qu'il se développe, recourez à la barrière de haie en broussailles.

Si le temps le permet, la dernière quinzaine de mars devrait voir la parcelle de terrain destinée au potager labourée et hersée.

Disposer du fumier d'écurie bien décomposé en surface avant le labour, qui doit être profond au début. Après deux ou trois jours d' aération, labourez à nouveau en traçant les sillons en travers ; puis hersez, roulez et hersez encore, jusqu'à ce que chaque motte soit brisée. Il ne faut jamais se soustraire à une préparation minutieuse du sol, car elle représente plus de la moitié de la bataille. Permettez-moi de vous avertir de ne pas faire le labour si le sol est mouillé. Une grande partie de la déception qu'éprouvent les citadins vient du désir naturel de l'amateur de se mettre au travail. La terre labourée, creusée ou binée lorsqu'elle est mouillée ou détrempée va cuire et former une croûte tout l'été. La bonne consistance peut être vérifiée en en ramassant une poignée et en la pressant. S'il reste un morceau solide, il est trop humide, mais lorsqu'il se serre facilement et qu'il se désagrège facilement lorsqu'il est relâché, il est dans les conditions idéales pour travailler, formera un sillon propre et s'effondrera facilement sous la herse. Le gazon est souhaitable pour les pommes de terre, donc s'il y a une bande de prairie qui a besoin d'être renouvelée, faites-la bien labourer, herser et délimiter des rangées espacées de dix-huit pouces pour la récolte d'hiver.

UN COIN DU POTAGER

Presque tous les anciens agriculteurs ont une théorie sur la manière et la taille de couper les pommes de terre pour la plantation. Après avoir écouté et essayé plusieurs méthodes, nous sommes arrivés à la conclusion qu'il est bien préférable de couper les gros tubercules en quatre et les petits tubercules par le centre dans le sens de la longueur, plutôt que de les disséquer soigneusement pour séparer chaque œil, puis d'utiliser deux morceaux lors de la plantation, d'autant plus que les innombrables expériences faites dans les stations agricoles ont révélé que les yeux recueillent dans la pomme de terre elle-même les éléments nutritifs nécessaires à sa subsistance et à sa croissance, jusqu'à ce que les pousses développent des tiges qui forment des articulations, après quoi naissent des radicelles, prouvant sans aucun doute que, à moins que le morceau de pomme de terre planté est suffisamment grand pour nourrir l'œil ou les yeux qu'il peut contenir, la croissance des racines, nécessaire pour fournir de la nourriture aux tubercules suivants, doit être affaiblie. Nous plantons un quart de pomme de terre par pied de rang et couvrons de quatre à cinq pouces de profondeur, en sélectionnant le sol qui a été fortement fumé l'année précédente et en dispersant des cendres de bois sur la surface une fois les graines recouvertes.

A défaut de cette source, il faudra acheter un engrais commercial spécialement préparé pour les pommes de terre. Un travail minutieux est nécessaire pour assurer une bonne récolte. Bientôt, disons sept ou huit jours après la plantation, passez la herse sur le champ pour tuer les embryons de mauvaises herbes et niveler la surface. Dès que les plantes apparaissent, cultivez à nouveau, mais bien sûr uniquement entre les rangs et avec un cultivateur ordinaire. Répétez à intervalles fréquents.

On estime qu'il faut quinze boisseaux de pommes de terre après les avoir coupées en quartiers, pour planter un acre, ce qui devrait rapporter cent trente boisseaux de pommes de terre vendables, ce qui signifie des pommes de terre de grosse et moyenne taille, les petites n'entrant pas dans la culture. le calcul. Il y aura probablement une trentaine de boisseaux de ces nains, qui sont un excellent aliment d'engraissement pour les volailles et les porcs, une fois cuits et écrasés.

L'espace destiné aux carottes nécessite une très bonne culture, car le sol doit être soigneusement pulvérisé . Attachez les graines dans un morceau de toile à fromage, laissez-les tremper dans l'eau pendant douze heures, puis suspendez-les dans une pièce chaude pour les égoutter et les sécher suffisamment pour éviter qu'elles ne collent ensemble lors de la plantation. Une autre aide que nous fournissons à ces semis délicats est de laisser tomber une graine de radis tous les six pouces, car ils germent rapidement et projettent une feuille de graine solide, qui brise la croûte sur le rang et permet aux fragiles pousses de carottes d'accéder librement.

Laissez deux pieds de la dernière rangée de pommes de terre, étirez la ligne et, avec un bâton pointu, dessinez une perceuse peu profonde dans laquelle disperser les graines de carotte. La couverture ne doit pas dépasser un quart de pouce ; appuyez fermement. Entre chaque deux rangées de carottes, prévoyez un pied. Infusez et utilisez seulement la moitié des graines au début, plantant le reste vingt jours plus tard. Avec un bon terrain et une bonne culture, vous devriez avoir des carottes fin juin.

Un espace de trente pouces doit séparer les carottes des betteraves. Préparez le sol comme avant, mais faites un foret d'un pouce de profondeur, en laissant tomber les graines à un demi-pouce l'une de l'autre, les rangées étant espacées de deux pieds. Ceux-ci devraient être prêts à être utilisés la première semaine de juin. Conservez la moitié des graines pour une plantation tardive.

Les premiers navets peuvent commencer encore deux pieds plus loin. Percez un demi-pouce de profondeur, les rangées espacées d'un pied.

 Tout d'abord » sont semi-nains, mais leur rendement est bien meilleur s'ils sont soutenus. Nous plantons tous les deux rangs à sept pouces d'intervalle, dans un semoir d'un pouce de profondeur, et lorsque les pois atteignent deux pouces de haut, nous plantons des broussailles entre les rangs, formant ainsi une haie de vigne une fois développée. Les rangées jumelles doivent être espacées de deux pieds.

Pour les ensembles d'oignons, faites des forets d'un pouce et demi de profondeur, en plaçant les ensembles à la verticale et espacés de quatre à six pouces. Fermez la terre tout autour et un quart de pouce au-dessus d'eux. Ceux-ci fourniront des oignons précoces pour la cuisson. Pour les graines d'oignon, le sol ne peut pas être préparé avec trop de soin car, comme les carottes, elles germent longtemps et sont extrêmement fragiles. Quelques graines de radis peuvent à nouveau être utilisées comme pionnières. Au lieu d' engrais commercial , les fientes de volailles sont utilisées pour les oignons, réduites en poudre par broyage dans une vieille machine à hacher. Saupoudrer librement, à moins d'un pouce du centre de la rangée et de trois à quatre pouces de chaque côté. À moins que la pluie ne tombe dans quelques jours, arrosez très abondamment avec un arroseur. Les crottes de poule semblent particulièrement appréciées pour tous les bulbes et tubercules.

Les graines de laitue nécessitent un sol bien enrichi ; percez un quart de pouce de profondeur, les rangées espacées d'un pied.

Dès la mise en terre des graines, le travail du sol doit être continu, le ratissage entre les rangs étant suffisamment fréquent pour détruire les embryons de mauvaises herbes. Un travail léger de dix minutes avec un râteau avant que les mauvaises herbes ne se développent permettra d'économiser des heures de dur labeur à la houe. La culture est nécessaire, non seulement pour détruire les mauvaises herbes, mais aussi pour fournir de l'air et encourager toute l'humidité du sous-sol à voyager vers le haut, nourrissant ainsi les racines des plantes à mesure qu'elles se développent et empêchant le sol de cuire. Ne pas cultiver le sol autour des plantes est aussi nocif pour leur santé que d'enfermer un enfant dans une pièce non ventilée.

Les plants de laitue, de chou et de chou-fleur doivent maintenant être plantés. Préparez les rangées comme pour les graines et, avec le bâton pointu utilisé pour marquer les rangées, faites des trous directement sous la ligne, espacés de neuf pouces pour la laitue, d'un pied pour le chou et le chou-fleur. Mettez un peu d'eau dans le trou, tassez la terre autour de la racine et de la tige, arrosez abondamment, puis remontez la terre sèche sur la surface humide, pour éviter que l'humidité ne s'évapore ou qu'une croûte ne se forme. Pour favoriser la croissance des racines, coupez la moitié de la longueur des feuilles extérieures avec une paire de ciseaux bien aiguisés. Si possible, fournissez une certaine protection jusqu'à ce que les plantes soient établies.

Les tomates, les poivrons et les aubergines doivent être repiqués vers le 20 mai. Les tomates et les aubergines sont espacées de deux pieds et demi, chacune dans un sol très fortement enrichi jusqu'à une profondeur de trois pieds et une circonférence de deux pieds. Suivez la même méthode de plantation que pour le chou, sauf qu'au lieu de couper les feuilles en travers, coupez les deux feuilles cardiaques de chaque plante. En vérifiant la croissance aérienne, la plante se ramifie et forme un buisson trapu au lieu d'une croissance aérienne grêle qui se brisera sous le poids des fruits lors de sa formation.

Pour que la « maison » soit un havre de repos idéal, elle doit être jolie. L'économie peut interdire l'achat de plantes pour le jardin fleuri, mais l'exercice d'un peu de prévoyance vous permettra d'avoir une belle exposition de fleurs tout au long de l'été à un coût minime. Procurez-vous des boîtes peu profondes chez votre épicier. Ils ne devraient pas avoir plus de trois pouces de profondeur, et environ dix-huit pouces de longueur et un pied de largeur. S'il n'est pas possible d'obtenir ce que vous voulez, sciez une boîte de six ou sept pouces en deux, en utilisant le couvercle comme fond pour la deuxième boîte.

Faites bien pulvériser le moule avant de semer et préparez une quantité supplémentaire à utiliser pour recouvrir les graines. Pour ce faire, je remplis à moitié une passoire assez fine et je la secoue au-dessus de la boîte jusqu'à ce qu'il y ait une couche uniforme sur les graines. La petite graine de fleur moyenne ne devrait pas dépasser plus d'un quart de pouce. Une planche qui s'adaptera à l'intérieur de la boîte doit être pressée fort pour garantir que les graines soient fermement enfoncées dans le moule . Autrement, l'air les entoure, s'assèche et tue les premiers germes fragiles de la vie. Après avoir planté et tapoté, saupoudrez légèrement et placez les boîtes devant une fenêtre sud ou sud-ouest dans un salon où la température moyenne est de soixante degrés. Les boîtes doivent être surveillées pour ce qu'on appelle une « fonte des semis ». On le détecte facilement par l'aspect maladif des plantules, suivi d'un flétrissement ou d'une brûlure de la tige près de la terre. Dès que le signal de danger est perçu, piquez dans de nouvelles boîtes de taille correspondante ou un peu plus profondes. Les plants n'ont pas besoin d'être plantés à plus d'un demi-pouce l'un de l'autre. Préparez le moule dans les boîtes comme vous l'avez fait pour les graines, tapotez et, avec un cure-dent, faites les trous dans lesquels seront placés les jeunes plants, en raffermissant doucement la terre autour d'eux avec l'index de chaque main. Si aucun signe de débilité n'apparaît parmi les plants, repiquez toujours dans des caissettes fraîches lorsque les secondes feuilles se déploient.

« Bovee », pour culture horticole précoce	1 bisou,	0,75 $
Carottes, « Cœur de Bœuf »	1 once,	.dix
Chou-fleur, « Early Snowball »	1 paquet,	.25

Céleri	1 paquet,	.dix
Betteraves	2 onces,	.20
choux de Bruxelles	1 paquet,	.dix
Chou, «Jersey Wakefield»	1 paquet,	.15
Chou, « Roi de l'Automne »	1 paquet,	.15
Chou frisé, « vert nain »	1 once,	.dix
Laitue, «Boston Market»	1 once,	.15
Petits pois, « avant tout »	1 pinte,	.15
Petits pois « Petit Paris »	½ pinte,	.dix
Peas, « Champion d'Angleterre »	1 litre,	.30
Navets, « Early Flat Dutch »	1 paquet,	.05
Navets, « Purple Top Aberdeen »	1 paquet,	.05
Navets, « Rutabaga »	1 paquet,	.dix
Ensembles d'oignons blancs	1 litre,	.25
Ensembles d'oignons rouges	1 litre,	.25
Graine d'oignon, « Prizetaker »	1 once,	.20
Concombre, « Colonne Blanche »	1 paquet,	.dix
Aubergine, « New York Spineless »	1 paquet,	.dix
Tomate, « Coussin Pourpre »	1 paquet,	.dix
Poivre, « Ruby King »	1 paquet,	.dix
Melon musclé, « Delmonico »	1 paquet,	.dix
Courge, « Long Island » (été)	1 paquet,	.dix
Courge, « Gregory » (hiver)	1 paquet,	.dix
Haricot vert « The Longfellow »	1 paquet,	.dix

Haricot de Lima Pole, « Léviathan »	1 paquet,	.dix
Gombo, « Long Vert »	1 paquet,	.05
Radis, « navet écarlate »	1 once,	.dix
Le maïs, « Country Gentleman »	1 paquet,	.15
Herbes : persil, sauge, sarriette, thym, marjolaine, anis, absinthe, safran, tanaisie	1 paquet chacun,	.40
Coût total		4,95 $

LE FOYER

LES coques extérieures du foyer et du cadre froid sont identiques et peuvent être fabriquées par n'importe quel bricoleur. Comme tous les châssis sont faits en une seule dimension, c'est-à-dire six par trois, les cases doivent correspondre ; pour assurer l'écoulement de l'eau et l' utilisation de toute la puissance du soleil , ils doivent être inclinés dans le sens de la longueur, l'extrémité supérieure d'une boîte étant de trois ou quatre pouces plus haute que le fond. La boîte ou cadre de lit ordinaire mesure six pieds de long, trois pieds de large et quinze pouces de haut à l'extrémité supérieure, avec une pente de douze pouces au pied, et se dresse à la surface du sol, mais le plan que nous avons adopté après plusieurs années L'expérience consiste à creuser une fosse de trois pieds de profondeur, six pieds deux pouces de longueur et trois pieds deux pouces de largeur, et de construire la boîte de vingt pouces de hauteur à l'extrémité supérieure, en pente jusqu'à dix-sept pouces au pied, et bien sûr six pieds de longueur et trois pouces de largeur. pieds de large, ce qui lui permet de se tenir à l'intérieur de la pirogue et à cinq pouces sous la surface du sol environnant, empêchant ainsi efficacement tout air froid de s'infiltrer autour du fond. Nous utilisons des planches d'harmonie de deux pouces d'épaisseur pour les côtés et les extrémités et des montants deux par deux pour les supports d'angle.

Des boîtes et des châssis de très bonne facture, parfaitement ajustés, sont vendus par plusieurs constructeurs de serres pour environ huit dollars. Ils sont expédiés démontés pour économiser les frais express, mais ils sont prêts à être assemblés. Ils sont de taille ordinaire six par trois, pour des lits simples, ou en groupes de trois à cinq, avec des cloisons légères sur lesquelles reposent les châssis. Le lit à cinq sections coûte environ douze dollars, mais il faudra cinq châssis, ce qui représente quinze dollars, et les cloisons, qui, je pense, coûtent environ un dollar pièce.

Pour plus de commodité en cas de mauvais temps, il est bon de placer les lits à proximité de la maison et, si possible, à l'abri du nord et face au sud. Le fumier de cheval frais constitue la puissance de chauffage d'un foyer. Nous utilisons des fientes solides et des feuilles sèches, environ moitié-moitié. On le mûrit dans le fumier en le transformant en un tas d'environ trois pieds de haut et trois pieds de large, soigneusement arrosé de fumier liquide. On le laisse reposer quelques semaines après le mélange, puis on le fourche deux fois, deux semaines entre deux. Toutes les fientes doivent être bien brisées et mélangées aux feuilles, et la masse entière repilée entre chaque fourche.

Une fois le processus de maturation terminé, il doit être emballé au fond du foyer jusqu'à une profondeur de deux pieds et demi. Il doit être posé en douceur et bien mis en place. Mettez la ceinture et, au bout de quelques jours, la chaleur atteindra une centaine de degrés ou plus. Soulevez légèrement le châssis à une extrémité et attendez que la température descende à environ quatre-vingt-cinq degrés, puis placez environ six pouces de terre riche et fibreuse sur le dessus. Nous fabriquons notre terreau plusieurs mois avant qu'il ne soit nécessaire, en prenant le vieux matériau de chauffage des lits usés et en le mélangeant avec une quantité égale de terre de gazon et environ un tiers de la quantité de sable propre et tranchant. Après un mélange minutieux, il est empilé en gros tas et laissé exposé aux intempéries jusqu'à ce que cela soit nécessaire, ou jusqu'à la fin de l'automne, lorsqu'il est placé dans un hangar et maintenu au sec pour éviter le gel, comme terreau et couverture pour les foyers frais . est souvent nécessaire au début du printemps. Juste avant utilisation, il est passé au tamis pour éliminer tous les grumeaux.

La première année, lorsqu'il n'y a pas de vieux massif à vider, un bon terreautage ou un terreau de rempotage peut être réalisé en coupant du gazon en profondeur, en secouant la terre jusqu'aux racines et en la mélangeant avec une quantité égale de vieux fumier de vache bien décomposé. et environ un quart de la quantité de sable propre. Il est impératif de préparer toutes ces choses à l'automne. L'extérieur d'un foyer doit être remblayé avec du fumier grossier et la ceinture recouverte la nuit de nattes et de volets par temps extrêmement froid. Un vieux tapis ou des sacs en toile de jute et remplis de foin coupé ne coûteront rien sauf du temps et répondront plutôt bien. Nous utilisons des tampons pour lesquels toutes sortes de vieux vêtements sont utilisés . Ensuite, des feuilles non blanchies suffisamment grandes pour recouvrir le châssis, les côtés et les extrémités, et atteindre bien le sol, sont utilisées. Les tôles reçoivent deux couches d'huile et sont donc imperméables à la pluie ou à la neige, et nous pensons mieux que les volets en bois.

Supposons que vous vouliez vous lancer dans la première aventure avec des salades d'hiver, le premier rassemblement pour Thanksgiving, et ensuite jusqu'au printemps. Commencez un lit la première semaine d'octobre, semez trois rangées de graines de laitue espacées de cinq pouces, en semant trois variétés différentes, Tennis-Ball, Boston Market et Big Boston ; deux rangées de cresson frisé (poivrée) espacées de la même distance, et cinq jours plus tard, deux rangées de moutarde blanche. Huit ou dix jours plus tard, préparez un deuxième lit, de sorte que la chaleur ait augmenté et diminué jusqu'à environ soixante-quinze jours au moment où la laitue sera suffisamment grosse pour être transplantée, soit environ trois semaines après le semis de la graine. Disposez les plants à huit pouces de distance dans chaque sens dans le nouveau lit et semez les graines de radis entre les rangées.

Si vous disposez de suffisamment de cadres, plantez les trois variétés différentes de laitue dans des massifs différents. Ils mûriront dans la rotation indiquée. Entre les rangées du Boston Market et du Big Boston, des graines d'oignon peuvent être semées. Lors de la sélection de la laitue à transplanter, choisissez les plants forts et provenant de différentes parties des rangs, de sorte que lorsque les plants excédentaires seront éclaircis, le reste pourra pousser sans être dérangé.

La moutarde et le cresson seront prêts à être coupés sept à dix jours après le semis de la moutarde. Coupez le cresson avec une paire de ciseaux un peu au-dessus du sol et il rebondira encore et encore. La moutarde doit être semée après chaque récolte, mais comme elle ne met que la moitié du temps à se développer, elle sera prête lors de la deuxième récolte de cresson. La moutarde doit pouvoir pousser à plus d'un pouce et demi au-dessus du sol. Une chose importante à retenir lors de la réalisation d'une succession de cultures en serre est que le pouvoir calorifique du fumier ne dure qu'environ sept semaines. Les haricots, les betteraves et les bettes à carde, ainsi que d'autres choses aussi rustiques, qui nécessitent deux mois ou plus pour mûrir, ne souffrent pas de la diminution de la chaleur. En fait, ils se porteront tout aussi bien, voire mieux, dans un foyer ou une chambre froide. , qui n'est qu'un foyer sans aucun matériau chauffant. Mais si le temps très froid s'installe, remblayez fortement les côtés et terminez avec du fumier frais, pour empêcher le froid de pénétrer dans le lit, et utilisez des nattes très lourdes sur le châssis la nuit.

Les aubergines, les tomates et les poivrons doivent être commencés la dernière semaine de février, et le céleri, le chou, le chou-fleur et les choux de Bruxelles vers le premier mars. Un lit doit être consacré aux graines d'oignon (semées fin février), et les semis peuvent être repiqués dans un autre lit ou dans un cadre froid lorsqu'ils atteignent environ deux pouces de hauteur, et seront des bulbes solides à planter dans le jardin en avril. Les concombres, les melons musqués et les courges peuvent tous être plantés sur du gazon dans un foyer, au début d'avril, et deviendront des plantes robustes d'ici le 20 mai.

COMMENT CULTIVER DES ASPERGES

POURQUOI chaque jardin n'a pas de parterre d'asperges est pour moi un mystère insondable. Il est universellement apprécié ; même les épicuriens le considèrent comme un délice. Il est prêt à être consommé au tout début du printemps, lorsque tout le monde a envie de légumes frais, et il est aussi facile à cultiver que n'importe quel autre légume une fois établi.

Le dernier mot explique probablement le mystère. Il faut trois ans pour l'établir, ou plutôt pour l'amener au stade rentable. Une récolte légère peut être récoltée la deuxième saison, de sorte que la table de la maison en profite presque aussi rapidement que dans le cas des artichauts ou des fraises. Quelle qu'en soit la cause, il n'en reste pas moins qu'on trouve rarement un massif d'asperges dans une ferme. Pourtant, les avantages pécuniaires que procure la culture de l'asperge suffisent à satisfaire le jardinier le plus ambitieux.

le démarrage de notre premier lit de graines, nous avons vendu trois cent cinquante-quatre grappes à une moyenne de quarante cents la grappe. Au début de la saison, nous recevions cinquante cents, vers la fin de la saison, certains étaient vendus trente-cinq cents. Depuis , les rendements annuels ne sont jamais descendus en dessous de deux cent quatre-vingt-six dollars. La fumure et la culture coûtent environ douze dollars par an. Le lit occupait environ un quart d'acre de terrain. Ayant un certain nombre de clients en œufs, nous vendons directement et obtenons ainsi le plein prix, mais même les prix de gros varient entre quinze et douze cents.

Il existe deux manières de démarrer des plates-bandes, de semer des graines ou de planter des plantes. Les plantes d'un an coûteront entre soixante cents et cent dollars. Plantés en avril et bien entretenus, ils fourniront plusieurs plats pour la table de la maison le printemps suivant et presque une récolte complète le deuxième printemps. Les graines semées en même temps prendront un an de plus, mais donneront ensuite un rendement plus grand que les plantes transplantées et, comme les plates-bandes d'asperges sont productives pendant quinze ou vingt ans, la perte d'un an au début est une économie. Mais il est bon d'implanter quelques plantes, tout simplement parce qu'à la campagne, on ne peut pas se procurer de légumes du Sud, qui arrivent en ville au début du printemps, et il faut donc essayer d'en avoir un approvisionnement domestique le plus rapidement possible.

Lors du choix du terrain pour un parterre d'asperges, il ne faut pas oublier qu'il s'agit d'une culture permanente et qu'elle ne peut être transplantée une fois établie. Il poussera sur n'importe quel sol de jardin ordinaire bien drainé, mais, lorsque cela est possible, un sous-sol lourd avec du sable léger ou du limon au-dessus doit être choisi, car il produira invariablement une récolte plus précoce chaque année qu'un sol lourd. Le sol doit être incliné vers le sud ou le sud-ouest, et un abri du nord-est est également souhaitable. Pour notre grand marché , nous avons utilisé des terres cultivées depuis deux ans. Les récoltes précédentes étaient du maïs, de l'avoine et des pommes de terre, elles avaient donc été minutieusement travaillées.

Après la récolte des pommes de terre à l'automne, le champ a été labouré et du fumier de ferme répandu dessus. Au début du printemps suivant, le sol fut de nouveau labouré pour y incorporer le fumier, et hersé dans chaque sens pour bien briser et pulvériser le sol. Si vous êtes obligé d'utiliser un terrain qui n'a pas été travaillé auparavant et qui est d'un caractère lourd et humide, il serait bon de labourer le plus tôt possible en été, si nécessaire, à l'aide d'une charrue souterraine, pour ameublir le sol jusqu'à ce qu'il soit suffisamment épais. profondeur de quinze ou seize pouces.

Hersez pour lisser la surface et répétez le hersage toutes les trois semaines environ jusqu'en octobre, date à laquelle il faudra labourer à nouveau jusqu'à une profondeur de six ou sept pouces, fertiliser et laisser jusqu'au printemps. Après le hersage du printemps, les rangées doivent être délimitées à cinq pieds de distance et allant du nord au sud. Utilisez la charrue d'avant en arrière dans le même sillon pour faire une large tranchée, qui devrait avoir six ou sept pouces de profondeur et environ un pied de largeur. Si une grande partie du sol retombe dans la tranchée, retirez-la avec une bêche ou une houe large, puis plantez les graines à environ trois pouces de distance. Gardez les rangées exemptes de mauvaises herbes tout au long de la saison et le sol meuble autour des plantes.

Il est souhaitable d' utiliser l'espace entre les rangées, car cela garantit que le sol est bien cultivé. Chaque espace pourra accueillir deux rangées de carottes, d'oignons ou de laitue, ou une rangée de choux. À l'automne, lorsque le dessus des asperges commence à mourir, il faut les couper et les brûler.

Au printemps suivant, le sol entre les rangs doit être fumé et labouré, ou bêcher s'il s'agit d'un jardin clos et qu'une charrue ne peut pas être utilisée. Des racines fortes peuvent produire des pousses de très bonne taille, mais ne soyez pas tenté de les cueillir, car leur retrait stimulera la plante à produire plus de tiges que son âge ne le justifie, et le résultat sera soit la mort, soit une existence faible et non rentable. depuis plusieurs saisons. Il ne faut pas cultiver plus d'une rangée de carottes ou d'oignons entre les rangées la deuxième saison et, à moins que l'espace ne soit d'une grande valeur, il est préférable de ne pas l'utiliser du tout.

La culture doit être maintenue tout au long de la saison de croissance, pour détruire les mauvaises herbes et maintenir le sol en bon état. De nombreux amateurs pensent que biner ou cultiver, sous quelque forme que ce soit, sert uniquement à détruire les mauvaises herbes, ce qui est une grave erreur. Le fait de remuer le sol en surface brise la croûte et la terre en poudre forme un paillis qui maintient le sol inférieur humide, condition qui libère les qualités minérales qui constituent la nourriture végétale.

Le deuxième printemps après le semis, une légère récolte de tiges peut être récoltée, disons deux ou trois sur chaque colline, mais pas plus. Ensuite, laissez les tiges pousser et se plumer jusqu'à ce qu'elles prennent leur pleine forme de fougère. En juin, épandez modérément du fumier de basse-cour entre les rangs si le sol n'est pas utilisé. S'il est occupé par une culture, utiliser un engrais du commerce composé à parts égales de nitrate de soude, de sulfate de potasse et de cendre de bois. Dispersez chaque côté de tout légume occupant l'espace entre les rangées et appliquez bien l' engrais dans le sol.

En août, lorsque la récolte est récoltée, appliquez un épandage modérément épais de fumier de ferme bien décomposé. Fin octobre, coupez les tiges et brûlez, comme l'année précédente ; puis labourez ou bêchez entre les rangs. Le troisième printemps amènera le lit à un état rentable, même s'il n'atteindra sa pleine capacité annuelle qu'un an plus tard. Utilisez le cultivateur à un cheval ou la houe entre les rangs dès que le sol peut être travaillé. Au début, tirez légèrement la terre des racines pour permettre au soleil de réchauffer le sol autour des racines et de réveiller la plante.

Environ une semaine plus tard, si l'on désire des asperges blanches, il faut à nouveau remonter la terre sur les plantes et chaque rangée doit être buttée de manière à blanchir les pousses. L'opération devra être répétée environ une fois par semaine pendant toute la période de coupe, qui ne devrait pas durer plus de trois semaines sur un lit aussi jeune, mais dans les années à venir, elle pourra être maintenue pendant six ou même huit semaines.

Après la saison de coupe, jetez les billons formés par le buttage et appliquez soit du fumier de ferme, soit de l' engrais commercial , en répétant l'application vers le 1er juillet. Si l'on souhaite des asperges vertes, la seule différence de traitement consiste à supprimer le buttage.

Après la troisième année, l'entretien du lit consiste à fertiliser et à cultiver. Nous avons trouvé qu'il était préférable d'utiliser alternativement du fumier de ferme et des engrais commerciaux. Le semis des graines dans des tranchées ou des sillons profonds est effectué pour garantir que les couronnes soient à trois ou quatre pouces sous la surface lorsqu'elles ont développé une croissance considérable, ce qui ne serait pas le cas si elles étaient semées au départ sur un sol plat. Comme son cousin le muguet, l'asperge produit des racines et des tiges à partir d'un cœur ou d'une couronne qui doit être souterraine, là où elle est humide et sombre.

Les asperges peuvent être mises en conserve comme n'importe quel autre légume pour l'hiver ; emballer, couper les extrémités vers le bas, dans des bocaux en verre, remplir les bocaux d'eau froide, mettre les couvercles sans serrer, laisser reposer dans l'eau chaude, faire bouillir trois heures, remplir les bocaux à ras bord avec de l'eau bouillante et visser fermement les couvercles.

Si vous considérez que la culture à partir de graines dépasse votre patience, achetez des plantes auprès d'un producteur fiable. La plupart des catalogues de pépiniéristes citent des plants d'un ou deux ans , mais les expérimentés sont unanimes à préférer les plants robustes d'un an, affirmant qu'ils résistent mieux au repiquage que les plus âgés. Le sol doit être préparé comme pour les semences. Lorsque les plantes arrivent, mettez-les dans l'eau pendant douze ou vingt-quatre heures pour les ramollir. Placez les plantes à deux pieds de distance dans des tranchées, en prenant soin d'avoir les couronnes à l'endroit. Si vous tenez une plante dans votre main, vous remarquerez que les épaisses racines charnues partent toutes du cœur, ou couronne, comme on l'appelle, et s'affaissent vers le bas, et que de l'autre côté de la couronne se trouvent ce qui ressemble à de petites radicelles. Ce sont en réalité les tiges sèches de la saison précédente et les bourgeons de la saison suivante, et sont souvent confondues avec des racines et placées vers le bas dans les tranchées au lieu de vers le haut, ce qui devrait bien sûr être le cas.

La bonne façon de planter est de faire un petit monticule au fond de la tranchée (environ deux poignées de terre), d'étaler les racines et de placer la couronne sur le monticule de terre de manière à ce que les racines l'enveloppent. Appuyez-les fermement en place et couvrez jusqu'à ce que la couronne soit à environ deux pouces sous le sol. Si la saison est sèche, arrosez régulièrement jusqu'à ce que la croissance soit bien établie.

Les asperges doivent être coupées très soigneusement, sinon la pousse embryonnaire pourrait être détruite ou la couronne elle-même tuée. Lorsque seules de petites quantités sont prélevées chaque jour, le meilleur plan est de passer le pouce et l'index le long de l'éperon à un pouce ou deux dans le sol, puis de le plier vers l'extérieur, et il se brisera sous la surface de la terre sans blesser la plante. de toute façon. Lorsque de grandes plates-bandes sont coupées pour le marché, il faudra utiliser un couteau, car il effectue le travail beaucoup plus rapidement. Les couteaux à asperges ont une forme particulière. Il en existe plusieurs sur le marché et on les retrouvera annoncées dans tous les catalogues des semenciers. Le prix moyen est de cinquante centimes.

La rouille, une maladie fongique, est devenue très répandue au cours des dernières années, attaquant aussi bien les jeunes que les vieux lits. Comme son nom l'indique, cela ressemble à de la rouille sur les tiges et gâche l'apparence commerciale, en plus de blesser la plante et d'affecter matériellement la récolte.

De nombreuses personnes ayant étudié le sujet ont suggéré que la rouille trouve son origine dans les tiges en décomposition. C'est pourquoi il est conseillé de brûler les tiges mortes dès qu'elles sont coupées à l'automne, au lieu de les laisser pourrir sur un tas de compost, comme on le fait pour les autres déchets de jardin. Une pulvérisation de bouillie bordelaise après la saison des coupes chaque année a été recommandée à titre préventif. Une fois établi, il ne semble y avoir aucun remède. Nous avons un voisin dont les lits ont été gravement touchés il y a sept ou huit ans. Il essaya un certain nombre de lessives et de poudres ordinaires, mais elles semblaient inutiles. Il y a six ans , il a commencé de nouveaux parterres et a adopté notre système d'alternance d'engrais commerciaux avec du fumier de ferme, car nous n'avions jamais eu aucun signe de rouille, et il l'a attribué aux cendres du mélange que nous utilisions, pensant qu'elles purifiaient le sol.

Un autre ennemi est le coléoptère de l'asperge, un insecte attrayant, noir de jais, avec des marques rouges, jaunes et bleues. Il reste caché dans les broussailles ou les détritus tout au long de l'hiver et sort dès les premiers jours chauds du printemps pour pondre ses œufs, choisissant toujours les jeunes pousses tendres pour se reposer. En quelques jours, les jeunes larves éclosent et se nourrissent des asperges, forant de petits trous, détruisant entièrement l'apparence des tiges, et descendant parfois jusqu'à la couronne de la plante elle-même. Il ne faut qu'un mois aux larves pour passer par les différents stades qui les amènent à maturité, de sorte que si seulement un ou deux coléoptères survivent à l'hiver, il peut y avoir une armée au moment où les lits sont complètement en production. Permettre aux volailles de courir sur les plates-bandes en automne et en hiver est le moyen le plus sûr et le plus simple d'éliminer les parasites, bien qu'il soit recommandé de l'épousseter avec de la chaux éteinte au début du printemps, et certaines autorités suggèrent de couper les plates-bandes dès que possible. des pousses se développent au début du printemps, espérant ainsi détruire les œufs. Il s'agit là d'un remède plutôt coûteux, car il implique de brûler les premières récoltes marchandes, qui rapportent les meilleurs prix.

COMMENT CULTIVER DES CHAMPIGNONS

QUICONQUE dispose d'une bonne cave où une température uniforme peut être maintenue peut cultiver des champignons pour son usage domestique, mais s'ils doivent être cultivés en grandes quantités pour le marché, un bâtiment approprié doit être réservé à leur usage exclusif. Nous avons réussi depuis plusieurs saisons à cultiver des champignons de manière amateur, mais ce n'est que lorsqu'une grande cave à racines est restée vacante que nous avons pensé à la faisabilité de les ajouter à nos produits de marché.

La ferme que nous avons eu la chance d'acquérir était un lieu ancien, pratique et doté de bâtiments entièrement équipés. Sous l'étable se trouvait un sous-sol en pierre, utilisé pour le stockage hivernal des plantes-racines. Après le développement de notre troupeau laitier, il nous a semblé judicieux d'utiliser de l'ensilage plutôt que des racines pendant l'hiver. Nous avons donc construit un silo, ce qui a laissé le magasin vacant. Il mesurait quatre-vingts pieds de long et quinze pieds de large, donc, après avoir conçu l'idée du champignon, nous en avons divisé trente pieds pour le conserver comme lieu de stockage pour les légumes ménagers et avons aménagé les cinquante autres pieds avec des parterres de champignons.

Nous avons installé un poêle et un système de tuyaux pour la couveuse, ce qui a coûté cent vingt dollars. Le bois pour les lits coûte trente dollars de plus, le fumier supplémentaire vingt-deux dollars et le frai cinquante dollars, soit deux cent vingt-deux dollars en tout. Quatre mois plus tard, nous avions reçu quatre cent quarante-cinq dollars. Depuis lors, les revenus ont oscillé entre quatre et cinq cents dollars, et nous estimons qu'il en coûte cent vingt-cinq dollars par saison pour produire la récolte. Je pense donc que les champignons peuvent être considérés comme rentables lorsqu'ils sont cultivés en relation avec l'aviculture ou l'agriculture générale, d'autant plus qu'ils arrivent à une saison de l'année où il y a très peu d'autres choses à faire et, qui plus est, les seules tâches lourdes. le travail consiste à préparer du fumier et du compost pour les plates-bandes, et tout agriculteur ordinaire peut l'accomplir. Le reste est si léger et si facile qu'une jeune fille ou une femme délicate peut s'en occuper sans fatigue.

Il n'est pas nécessaire d'avoir un bâtiment coûteux en pierre ou en brique. Nous avons un voisin qui utilise une partie d'une vieille étable à vaches, et un homme de la banlieue de New York, qui en cultive une quantité chaque saison, a simplement une pirogue avec des murs en planches brutes, à deux pieds du sol, et un A- toit en forme – le tout recouvert de papier goudronné, un endroit qui ne pouvait pas coûter plus de soixante-quinze dollars au maximum. Un hangar ou une dépendance de toute sorte répondra s'il est résistant aux intempéries et peut être maintenu à une température de cinquante-cinq ou soixante par temps nul sans trop de frais.

CHAMPIGNONS

Ne soyez pas tenté de commencer à une échelle élaborée dans la cave de la maison, car l' odeur des plates-bandes pendant que le fumier chauffe avant le moment de la plantation imprégnera toute la maison et s'accrochera aux tapis et aux tentures d'une manière des plus horribles. Bien entendu, cela n'est pas le cas lorsqu'il faut en élever quelques-uns seulement pour la table de la maison, car des caisses peu profondes peuvent être utilisées et n'ont pas besoin d'être transportées dans la cave jusqu'à ce que la période répréhensible soit passée.

Lorsqu'une maison spéciale est utilisée, les lits peuvent être faits à même le sol, une grande quantité de fumier est utilisée et la chaleur artificielle peut être supprimée. Mais ce n'est pas un plan bon ou économique, car la quantité nécessaire de fumier d'écurie coûterait autant que le carburant, nécessiterait une surveillance étroite et le résultat ne serait pas aussi satisfaisant, c'est pourquoi nous ne considérerons que la méthode approuvée des bancs et de la chaleur artificielle. qui est généralement adoptée par le producteur du marché moderne.

Les bancs de notre maison s'étendent de chaque côté, laissant des allées de trois pieds de large au centre de la maison et de deux pieds le long des murs latéraux. Avoir les trois allées nous permet de nous rassembler de chaque côté des lits, ce qui est presque une nécessité lorsque les lits mesurent quatre pieds de large. Avec une maison et des lits plus étroits, un chemin central serait suffisant, mais il ne devrait pas avoir moins de trois pieds de large pour faciliter le remplissage et le vidage des lits.

Les bancs sont faits de colombages deux par deux et de planches de pruche brute, les colombages étant utilisés pour les supports verticaux qui vont du sol au plafond, tous les cinq pieds sur toute la longueur et de chaque côté de la maison. Des supports sont disposés en diagonale entre les quatre montants de chaque côté de la maison, pour constituer une fondation pour le sol des lits, ainsi que pour renforcer l'ensemble de la structure. Les planches de pruche sont utilisées pour les côtés et le fond des lits, qui sont à deux pieds du sol. Les lits doivent avoir seize pouces de profondeur, mais nous avons utilisé une rangée de planches de neuf pouces de largeur et une autre rangée de six pouces de largeur, car les planches étaient coupées dans ces dimensions.

Le deuxième niveau de lits, qui a été ajouté un an plus tard, était d'un pied et demi au-dessus du sommet du premier niveau et seulement de douze pouces de profondeur, mais s'est révélé tout aussi satisfaisant à tous égards, et comme les lits peu profonds absorbent moins de fumier , je pense qu'il est prudent de conseiller aux débutants d'adopter cette dernière profondeur pour les lits dans une maison où l'on utilise la chaleur artificielle.

Le fond et les côtés des lits doivent être fixés de manière à pouvoir être facilement retirés, car cela facilite le travail de vidange des lits, qui doit être effectué chaque printemps. Tout appareil de chauffage qui peut être facilement installé et sur lequel on peut compter peut, bien sûr, être utilisé, mais je pense que le poêle et les tuyaux spécialement conçus pour les installations de volaille sont les plus pratiques, car leur construction est si simple que n'importe quel bricoleur peut le réparer. sans l'aide d'un plombier, une grande considération à la ferme.

D'étroites fenêtres de cave étaient insérées sur les côtés de la maison, pour fournir de la lumière et de l'air au printemps et à l'automne, lorsque les gros travaux étaient effectués, et aussi lors des rassemblements quotidiens pendant la saison. Il est d'autant plus agréable de travailler à la lumière du jour, et cela ne nuit en rien à la récolte, si l'on utilise des volets pour protéger du froid.

Les plates-bandes constituent le facteur principal de la culture des champignons. Premièrement, le matériau dont ils sont composés ; deuxièmement, la façon dont ils sont fabriqués. Le fumier frais, avec un bon pourcentage de litière courte (paille ou feuilles de préférence), doit être ramassé chaque jour lors du nettoyage des écuries. Nous utilisons deux parts de fumier de cheval et une part de fumier de vache, en remplaçant parfois les crottes de mouton par des crottes de cheval. La collecte quotidienne doit être stockée dans un hangar et transformée en un tas d'environ trois pieds de haut et deux pieds et demi de large.

Dès qu'une quantité suffisante de fumier est collectée pour remplir les lits, le processus de séchage doit commencer. Cela consiste à tasser le fumier étroitement et, s'il est sec, à l'humidifier légèrement avec de l'eau ou du drainage des écuries pour démarrer la fermentation. Au bout de quelques heures, la chaleur commencera à créer de la vapeur et celle-ci devra être fourchue et transformée en un nouveau tas.

Pour contrôler la chaleur, qui, si on la laissait suivre son cours, brûlerait rapidement la valeur du fumier et le rendrait sans valeur, il faudra probablement répéter le fourrage et le repilage trois ou quatre fois, avec un intervalle de deux à trois jours. selon la force du fumier et la température. Il faut généralement de deux à trois semaines pour que le fumier soit correctement séché. Lorsqu'il affiche une température de cent degrés Fahrenheit après n'avoir pas été dérangé pendant trente-six heures, il peut être considéré comme étant en bon état.

Nous remplissons à moitié les plates-bandes avec le matériau brut, puis mélangeons la terre du gazon avec le reste pour remplir le dessus des plates-bandes. La proportion est d'environ un tiers de sol pour deux tiers de fumier préparé. Lors du remplissage des lits, le fumier, ainsi que le mélange de terre et de fumier, doivent être répandus en fines couches, disons environ deux pouces à la fois, et soigneusement tamponnés avant d'ajouter la couche suivante. Lorsque les plates-bandes sont remplies, recouvrez la surface de paille ou de nattes pour éviter que les plates-bandes ne sèchent.

Le fumier chauffera considérablement après avoir été emballé dans les lits, c'est pourquoi des thermomètres doivent être insérés tous les quelques pieds, car la plantation ne doit pas être effectuée avant que la température ne descende à quatre-vingt-dix degrés Fahrenheit, moment auquel la paille ou le tapis peut être retiré et le blanc inséré. . La propagation des champignons est entièrement différente de celle de tout autre légume, ni les graines, ni les bulbes, ni les boutures n'ayant de place dans le processus. De la paroi branchiale d'un champignon adulte tombent d'innombrables spores, si infimes que si elles étaient capturées sur une feuille de papier, elles ressembleraient à de la poussière. Si les spores tombent sur une terre en parfait état, des filaments ressemblant à des moisissures se développent, se propagent et deviennent ce que nous appelons du frai.

La culture du blanc est un processus complexe qui ne concerne pas du tout le producteur de champignons, car il achète le blanc comme n'importe quelle autre graine, sauf qu'il est vendu sous forme de galettes compressées en forme de brique, qui pèsent environ une livre chacune, ou sous forme de grains bruts. lambeaux; cette dernière variété étant connue sous le nom de flocon ou de blanc français.

Les briques, connues sous le nom de spawn anglais, semblent donner les meilleurs résultats dans ce pays et sont celles que nous avons toujours utilisées. Ils doivent être brisés en morceaux de la taille d'une noix, plantés en rangées espacées d'un pied, les morceaux étant espacés de six pouces dans les rangées. Le frai doit être inséré à environ trois pouces. Le meilleur plan consiste à soulever une petite partie du fumier avec une fourchette à main, à appuyer sur le blanc, à remplacer le fumier et à appuyer fermement en place. Le tassement serré est un des principaux points de réussite, aussi convient-il de parcourir tout le massif avec le dos d'une pelle en bois ou d'un petit maillet.

Après la plantation, remplacez la paille ou les nattes si la température de la maison est sèche. Huit jours plus tard, retirez les nattes et recouvrez les plates-bandes d'une couche de deux pouces d'épaisseur de bonne terre de jardin.

Jusqu'à ce que les champignons commencent à apparaître, la température de la maison peut être de soixante-cinq à soixante-huit degrés Fahrenheit, mais à partir du moment où ils commencent à apparaître, maintenez-la aussi près de cinquante-cinq degrés que possible. L'humidité doit être soigneusement surveillée. Si les plates-bandes semblent sèches, même après avoir recouvert de terre, couvrez-les de nattes pendant quelques jours ou même saupoudrez-les très légèrement, mais elles ne doivent pas être mouillées du tout. La solution la plus sûre pour les inexpérimentés est peut-être d'arroser les promenades, car il n'y a alors aucun risque de surdose.

Il faut environ cinq semaines pour que le frai se propage dans les plates-bandes et environ deux semaines supplémentaires avant que la culture fasse son apparition. Des lits bien faits, dans une maison maintenue à cinquante-cinq degrés, donneront pendant dix ou douze semaines, mais pendant les deux ou trois dernières semaines, la quantité diminuera rapidement.

La récolte doit être effectuée tous les jours et, au plus fort du rendement, il est sage de parcourir les planches deux fois par jour pour éviter la perte qui se produit quelques heures après la surmaturation. Lorsque le champignon perce le sol pour la première fois, il s'agit apparemment d'une boule blanche et solide, en équilibre sur une colonne miniature. Quelques heures plus tard, la partie inférieure de la boule se détache du bouillon et le champignon s'étend progressivement comme un parapluie qu'on ouvre et montre une ligne de branchies rose pâle ou couleur chair, qui deviennent plus foncées toutes les heures jusqu'à devenir presque noires , à à quel stade le champignon devient mince et se décompose rapidement.

Si les champignons sont cueillis juste après la rupture du voile (comme on appelle techniquement la peau qui attache le bord du chapeau au bouillon), ils peuvent être conservés pendant vingt-quatre heures sans se détériorer, s'ils sont conservés dans un endroit frais, à l'écart de la lumière. air. Si, par hasard, certains ouverts échappent à l'attention du cueilleur, retirez-les dès qu'ils sont aperçus.

SIX BONS LÉGUMES À CULTIVER

IL est étrange que bon nombre des légumes les plus utiles soient négligés dans la majorité des jardins familiaux. Le gombo, la bette à carde, le poireau, le chou de Bruxelles et le chou frisé écossais sont vraiment peu connus, mais ils constituent tous d'appétissants ajouts santé à la table et ne nécessitent aucune condition ni culture particulière.

Le gombo, ou gumbo, comme on l'appelle invariablement au Sud, figure très largement dans la cuisine créole, mais ici à l'Est, il fait tout juste son apparition sur les marchés. La demande va certainement croître rapidement, car il s'agit d'un de ces articles insidieux qui semblent indispensables une fois utilisés. Les soupes, les ragoûts, les sauces et d'innombrables plats préparés sont tous améliorés par un peu de gombo et constituent la base de nombreux plats spéciaux. Ma famille est friande de soupe au gombo, donc rien que pour cela, le gombo devait avoir sa place dans le jardin, et maintenant nous l'utilisons d'une douzaine de façons différentes. Coupé en tranches et tartiné alternativement de riz et de tomates dans une cocotte, de beurre, dans lequel de la poudre de curry et du sel ont été mélangés, parsemés sur le dessus et cuits pendant trois heures, c'est un plat de déjeuner délicieusement savoureux.

Mais c'est de la culture, et non de la cuisson, de ce légume négligé dont je dois m'occuper à l'instant. Le sol du gombo doit être soigneusement enrichi et bien cultivé. Faites un sillon d'environ un pouce de profondeur, et si seulement un approvisionnement domestique est nécessaire, d'environ trente pieds de long. Semez les graines à deux pouces de distance en rangées et couvrez. Écartez-les à dix-huit pouces lorsque les plants mesurent environ deux pouces de haut. Si plus d'une rangée doit être cultivée, espacez-les de deux pieds et demi.

Le gombo est une plante semi-tropicale, il est donc préférable de ne pas le semer avant la deuxième semaine de mai. Une fois démarrée, elle pousse très rapidement, donne des rendements et continue de fournir des gousses tout au long de la saison. Les fleurs sont grandes et plutôt jolies, mais ne durent que quelques heures ; après leur chute, il faut environ douze heures pour qu'une gousse se développe suffisamment pour être récoltée. Pour être en parfait état de cuisson, ils ne doivent pas mesurer plus d'un pouce de long. Toute quantité excédentaire peut être séchée ou mise en conserve pour une utilisation hivernale. Tranchés, ils constituent un superbe ajout aux cornichons mélangés.

La bette à carde est une telle variété à couper et à revenir que pour la maison ou le marché, elle est d'une valeur inestimable, et un éleveur de volailles ne peut pas trouver de nourriture verte meilleure ou moins chère pour les volailles élevées au parc. Les feuilles et les tiges sont la partie comestible et peuvent être bouillies comme les épinards ou utilisées seules. Ils sont blancs et s'étendent sur toute la longueur de la feuille. Découpez-les et attachez-les sans serrer ; cuisinez et servez comme vous le feriez pour des asperges. La nouvelle variété appelée « Lucullus » est, je pense, la meilleure. Rendre le terrain très riche ; semez en rangées espacées de trois pieds, vers la fin avril ou la première semaine de mai. Éclaircissez les plantes lorsqu'elles mesurent environ deux pouces de hauteur pour qu'elles soient espacées de dix-huit pouces. Lorsqu'elles sont utilisées comme épinards, coupez les feuilles lorsqu'elles atteignent dix pouces de hauteur, mais lorsque les tiges doivent simuler la cueillette des asperges, elles doivent être retardées jusqu'à ce qu'elles atteignent environ quatorze pouces de hauteur. Coupez ensuite la partie verte de la feuille, qui peut encore être utilisée comme verdure. Quelle que soit la manière dont les feuilles doivent être utilisées ou la hauteur à laquelle la récolte est coupée, faites très attention à ne jamais blesser le cœur de la plante, car si vous le faites, les récoltes successives seront gâtées.

Les choux de Bruxelles ont gagné en popularité sur le marché au cours des dernières années et devraient certainement être présents dans tous les jardins, car ils possèdent toutes les qualités saines du chou et leur saveur est beaucoup plus délicate.

Lorsqu'elles sont petites, les plantes ressemblent exactement à du chou, mais au lieu de têtes fermes et solides, les tiges mesurent jusqu'à douze ou quatorze pouces de hauteur et des bébés choux poussent tout autour de la tige sur toute la longueur. Une plante donne souvent trente-cinq ou quarante de ces petits choux.

Un grand avantage des choux de Bruxelles est que les graines ne doivent pas être semées avant juin et que les plantes ne sont prêtes à être repiquées qu'en juillet, ce qui permet de réussir avec des pois précoces dans le même sol. Comme tous les membres de la famille des choux, les choux de Bruxelles sont gourmands et doivent absolument avoir une terre lourde et riche. Semez les graines dans des semoirs peu profonds ; transplanter lorsque les semis mesurent environ trois pouces de haut, espacés de deux pieds en rangées espacées de trois pieds. Pour une récolte au début du printemps, semez les graines dans un foyer en février ou mars. Les plantes matures sont assez rustiques, mais doivent être déterrées avant de fortes gelées. La meilleure façon de conserver l'approvisionnement de la maison est de suspendre la plante entière par les racines dans une cave à l'abri du gel.

Les poireaux et les oignons d'hiver font partie de la famille des oignons qui sont généralement négligés, et c'est vraiment dommage, car ils sont tous deux très recherchés. Les poireaux doivent être semés dans un sol très fin et riche.

Un épandage abondant de fumier de volaille, appliqué à l'automne avant la plantation, constitue un engrais idéal . Dispersez les graines en rangées épaisses de deux pieds de distance et éclaircissez les plantes de manière à ce qu'elles soient espacées de neuf pouces. Cultivez le sol constamment et montez-le au fur et à mesure que les plantes grandissent. C'est une partie du travail à ne pas négliger, car elle favorise la croissance et blanchit les tiges. Un léger gel ne leur fera pas de mal, mais ils doivent être fortement remblayés et recouverts de litière s'ils veulent rester en terre jusqu'au printemps.

La réserve hivernale de ces légumes doit être déterrée en décembre et stockée dans la maison pour plus de commodité. Emballez-les debout au fur et à mesure de leur croissance dans des boîtes ; répandez de la terre entre eux et conservez-les dans une cave sombre. Pour les soupes, ils sont bien supérieurs aux oignons ordinaires. Bouillis et servis avec une sauce blanche, ils constituent un légume des plus agréables.

Les oignons en botte d'hiver, comme on les appelle, sont en réalité les plus précoces de tous les oignons de printemps. Semez les graines dans des semoirs peu profonds, espacés d'un pied, en mai ou juin. Cultivez jusqu'à l'automne, puis recouvrez de litière. Au début du printemps suivant, ratissez et cultivez légèrement entre les rangs, et vous aurez de délicieux oignons verts pour la table ou le marché lorsque d'autres personnes songeront à semer les graines.

Le chou frisé doit être considéré comme indispensable dans chaque jardin, car sa saison entre en saison à la fin de l'automne, lorsque le gel a détruit tous les autres légumes verts. Même dans les environs de New York, on peut compter sur lui pour fournir des verts du début du printemps presque avant que la neige ne décolle du sol. En fait, je l'ai récupéré sous la neige épaisse au milieu de l'hiver et je l'ai trouvé en bon état. Les graines doivent être semées vers la mi-juin et les plants repiqués en rangées espacées de deux pieds et demi. Les feuilles sont frisées et d'un vert foncé, et ne doivent pas être utilisées avant qu'il y ait eu un peu de gel, car jusqu'à ce qu'elles soient gelées, elles sont aussi dures que tendres après la visite de Jack Frost.

Dès que le temps devient plus froid, mettez de la paille ou des feuilles de chaque côté des rangées jusqu'au sommet du chou frisé, puis placez des branches de cèdre ou des broussailles de chaque côté pour maintenir la couverture en place.

Le chou-rave est un autre légume précieux, qui arrive lorsque d'autres choses ont disparu. Il appartient bien à la famille des choux, mais il ressemble davantage au navet. La partie comestible est le bulbe qui se développe au dessus du sol. Une fois cuit, il ressemble et a le goût d'un navet au goût des plus délicats . Comme ils doivent être cuits jeunes et tendres, il est préférable de faire plusieurs semis ; un dans la serre en février, et deux autres en pleine terre ; le premier en mai, le deuxième en août . Ils supportent des gelées assez fortes et sont donc utilisables jusqu'en décembre ou janvier, selon la saison.

Semez en rangées espacées d'environ deux pieds, et une fois que les jeunes plants ont atteint suffisamment de force pour résister aux attaques des coléoptères et de ces insectes, éclaircissez-les à deux pieds l'un de l'autre.

Peut-être serait-il bon d'ajouter quelques indications sur la culture générale de ces légumes, indications qui seront utiles à tout jardinage. La culture doit être constante et minutieuse, surtout lorsque le sol est léger et sableux. Bien sûr, aucun bon jardinier ne permettra aux mauvaises herbes de prendre pied sur son territoire, mais l'utilisation constante du râteau est bien plus importante, car il maintient l'apport d'humidité dans le sol autour des racines des plantes, et assure ainsi ils sont bien nourris et connaissent une croissance rapide.

C'est un point qui semble toujours intriguer les jardiniers inexpérimentés, il nécessite donc des explications. Remuer le sol superficiel avec un râteau fin dès qu'il est partiellement sec après une pluie, fournit un paillis de poussière qui empêche l'humidité de la terre inférieure de s'échapper, car il freine le processus capillaire par lequel l'humidité se déplace vers la surface et est transportée. dans l'air. Le sol peut être riche en composants minéraux et animaux qui constituent la nourriture végétale, mais à moins que l'humidité ne soit présente en quantité suffisante, ceux-ci ne sont pas disponibles pour nourrir les plantes.

COMMENT PLANTER ET CULTIVER DES FRAISES

POURQUOI cultiver ses propres fraises devrait créer un sentiment de supériorité, mais c'est le cas. Les amis de la ville, qui acceptent avec indifférence les réalisations agricoles vraiment difficiles, offrent une sorte de respect étonné au producteur de fraises, et ce qui est plus extraordinaire, le cultivateur accepte invariablement les éloges avec la fierté condescendante d'un vainqueur. Au moins, je dois reconnaître un tel sentiment, même si je sais à quel point il est absurde, car la petite baie sauvage est indigène à ce pays et a été adoptée par les ménagères coloniales économes comme plante de jardin bien avant que les horticulteurs ne rêvent de prendre sous leur direction scientifique.

Les fraises cultivées ressemblent un peu à des espèces exotiques, ayant été créées en Europe à partir de baies sauvages indigènes et d'une plante sauvage quelque peu similaire importée du Chili en 1750. Les variétés résultant de ce croisement ont ensuite été importées dans ce pays et ont fourni le stock à partir duquel a progressivement été développé le gros fruit succulent d'aujourd'hui. Mais elle aime toujours le sol américain et prospérera donc dans une plus large gamme de latitudes que toute autre plante cultivée.

Il y a plusieurs fermes de fraises dans notre voisinage et, selon les propriétaires, ce sont elles qui produisent les récoltes les plus rentables. Un producteur me dit qu'il produit en moyenne six mille litres par acre et qu'il obtient un prix moyen de huit cents le litre. Un autre voisin dit qu'il compte retirer trois cents dollars l'acre de ses baies. Personnellement, je ne peux pas citer de chiffres, car nous n'avons jamais commercialisé de petits fruits. Étant très friands d'eux et désireux de cultiver ce qu'il y a de mieux, nous avons toujours limité nos efforts à la culture du jardin, uniquement pour la consommation domestique, et la récompense a été de telles fêtes épicuriennes que nous avons été satisfaits.

Comme pour les asperges, les plates-bandes de fraises doivent être établies dès que la famille s'est installée dans une maison de campagne, car il faut un an pour obtenir une récolte complète. Il existe un grand nombre de variétés parmi lesquelles choisir, mais je pense qu'il est préférable de limiter la sélection aux anciennes variétés établies. Le Marshall pour les premiers premiers, le Glen Mary pour la mi-saison et le Gandy pour les rassemblements tardifs. Et vraiment, je ne crois pas qu'il puisse y avoir une meilleure sélection pour le jardin potager dans les environs de New York.

Mais comme certaines variétés se portent mieux que d'autres dans une certaine localité, il convient de consulter les anciens habitants du quartier et les pépiniéristes auprès desquels les plants sont commandés.

Un sol sableux léger, légèrement en pente vers le sud, produira les baies les plus précoces, mais nous sommes convaincus par expérience qu'un sol un peu plus lourd et une exposition plus au nord produisent de meilleurs fruits à mi-saison. Nos plates-bandes sont toutes inclinées au sud, mais les variétés tardives sont tellement situées qu'elles sont légèrement ombragées par une rangée de jeunes poiriers, qui les protège des rayons directs du soleil. Le sol est, ou plutôt était, de qualité ordinaire, ni très sablonneux, ni très lourd, aussi pendant plusieurs saisons nous avons semé de fines cendres de houille entre les rangées des premières plantes, ce qui a sensiblement allégé le sol, et depuis plusieurs années nous avons des baies. de cinq à dix jours plus tôt que nos voisins .

De nouveaux lits peuvent être démarrés à l'automne ou au printemps, selon ce qui convient le mieux. Si les plantes sont plantées au début de l'automne, elles porteront la saison suivante, mais si la plantation est retardée jusqu'au printemps, il faudra une année complète avant de pouvoir espérer des fruits. Je recommande donc la plantation de toutes les plantes en août au débutant, et la plantation au printemps lorsqu'il y a des plates-bandes établies pour prendre d'autres plantes.

Pour expliquer : les fraises se multiplient à partir des stolons qui, dans des conditions naturelles, jaillissent des plantes mères et, en prenant racine, développent des couronnes individuelles. Mais le pépiniériste moderne a pris ces dernières années l'habitude d'enfoncer de petits pots remplis de terre riche dans les plates-bandes, puis en soulevant les extrémités des stolons sur les pots, les racines des jeunes plantes se développent à l'intérieur du pot au lieu d'être placées sur le pot. le sol et peuvent être enlevés plus tard dans la saison sans aucun frein à la croissance, ce qui, bien sûr, facilite grandement la croissance de la couronne une fois qu'elle est installée dans sa position permanente.

Les plantes en pot, comme on les appelle, sont légèrement plus chères que les plantes en couches, mais elles en valent la peine lorsque le temps presse.

Avant l' arrivée des plantes , le sol doit être soigneusement préparé en creusant et en ratissant jusqu'à ce qu'il soit dans un état fibreux fin. Marquez les rangées espacées de quatre pieds. Lorsque les plantes sont reçues, déballer et arroser abondamment, et laisser à l'ombre pendant vingt-quatre heures avant de partir, après quoi faire avec une truelle un trou un peu plus grand que le pot dans lequel la plante a poussé, remplir remplissez-le à moitié d'eau, et si les plantes ont été livrées dans les pots, retirez-les soigneusement en ameublissant la terre, ce qui se fait en poussant un petit bâton à travers le trou de drainage et en retournant le pot. Retirez ensuite la boule de terre et mettez-la dans le trou que vous avez fait avec la truelle. Remplissez avec de la terre meuble et le processus de plantation sera terminé.

Les plantes doivent être espacées de deux pieds dans les rangées. S'il s'agit de spécimens forts et sains, la croissance commencera presque immédiatement, vous devrez donc parcourir soigneusement les rangées au bout d'environ deux semaines, lorsque les plantes auront commencé à émettre des stolons. Nous n'en autorisons jamais plus de quatre pour chaque plante, et celles-ci sont entraînées à s'enraciner le plus près possible avant, derrière et de chaque côté de la plante mère, ce qui forme une rangée solide d'environ vingt-sept pouces de large à la fin de la saison de croissance. . La meilleure façon d'assurer l'enracinement des stolons est de les presser près du sol, en les maintenant en place soit avec une petite pierre, soit avec une poignée de terre.

Après l'arrêt de la croissance à l'automne, l'espace entre les rangées doit recevoir un traitement d' engrais commercial et être bien bêcher. Vers le 1er décembre, un paillis de paille ou de feuilles doit être répandu sur les plantes pour les protéger du gel. Au début du printemps suivant, le même travail est répété et vers le 1er mai, le paillis est retiré immédiatement autour des plantes, mais laissé sur le sol pour empêcher les baies d'entrer en contact avec la terre et aussi pour garder le sol humide à peu près. racines. Les plates-bandes doivent toujours être exemptes de mauvaises herbes.

Une fois la récolte récoltée, quelques stolons peuvent se développer et sont enracinés dans des pots, comme expliqué ci-dessus, pour être utilisés pour établir une nouvelle croissance plus tard en août, car nous plantons toujours six nouveaux rangs chaque saison et démolissons six anciens. , car les jeunes plants donnent des fruits plus nombreux et de meilleure qualité que les vieux. Pour le marché, la culture ne peut pas être aussi prudente, car la taille des plates-bandes nécessitera le recours à l'élevage de chevaux. De plus, les plantes en pot coûtent trop cher.

Le maraîcher prospère, auquel j'ai fait référence précédemment, pratique la méthode suivante : le sol sur lequel les pommes de terre de primeur ont été récoltées est semé d'avoine et de seigle, et lorsque cette récolte est retirée l'été suivant, le sol est labouré, hersé et marqué. Les plants sont disposés en rangées espacées de quatre pieds et les plants sont prélevés du champ aménagé l'année précédente.

Lorsque le champ est semé en juin, un homme parcourt les rangs vers le mois d'août et recouvre le bout des stolons d'un peu de terre pour les maintenir au sol. Ce travail est généralement effectué avec le pied d'un homme et une houe ; puis, après l'arrêt de la croissance à l'automne ou avant qu'elle ne démarre au printemps suivant, les jeunes plants formés à partir des stolons sont séparés de la plante mère et repris. Ceci est accompli en faisant passer une charrue à un cheval le long de l'extérieur des rangées pour couper les stolons et jeter les plantes, ce qui permet à un homme de ramasser facilement les plantes les plus fortes, qui sont transportées dans une tranchée. un endroit pratique et je suis parti jusqu'au mois de juin suivant.

Les tranchées sont creusées à environ six pouces de profondeur et les plantes sont espacées d'environ un pouce et la tranchée est remplie. Encore une fois, le pied d'un homme et la houe font le travail. L'idée est que couper les plantes alors qu'elles sont en dormance et les stocker étroitement dans une tranchée évite qu'elles ne ressentent le choc du retrait de la tige mère et retarde leur croissance jusqu'au moment du coucher. Bien sûr, lorsqu'ils sont déplacés vers des rangées permanentes, ils sont plantés à un pied l'un de l'autre et les champs sont maintenus exempts de mauvaises herbes grâce à l'utilisation d'un cultivateur à un cheval entre les rangées.

Même dans la culture sur le terrain, il faut s'occuper des coureurs dès qu'ils commencent à se former. En permettant à plusieurs de se développer à partir de chaque plante, le rang deviendra une masse relativement solide de quinze à dix- huit pouces de large à la fin de la saison. Un champ planté en juin ou début juillet donnera une récolte complète l'année suivante et sera presque aussi productif la deuxième année s'il est cultivé et fertilisé tôt , mais après cela, il devra être labouré et le sol utilisé pour les pommes de terre, le chou ou d'autres cultures. avant d'être à nouveau utilisé pour les fraises.

un engrais commercial doit être utilisé pendant que les baies restent en possession du sol, car le fumier de basse-cour est susceptible de contenir les spores de champignons. maladies qui attaquent les fraises. Tout signe de ces maladies doit être immédiatement contrôlé par pulvérisation de bouillie bordelaise. Encore une chose. Lorsque vous achetez des plantes, n'oubliez pas qu'il existe ce qu'on appelle des plantes parfaites et imparfaites. Ces dernières sont tout aussi bonnes à toutes fins pratiques si elles sont plantées côte à côte avec des plantes parfaites, mais pas autrement.

COMMENT CULTIVER DE PETITS FRUITS

SI elles sont cueillies à maturité et servies immédiatement, les baies – en fait, tous les petits fruits – sont sans aucun doute un luxe. La maison de campagne doit donc toujours leur consacrer un peu d'espace, aussi petit que soit le jardin ; et lorsque la maison est une ferme censée devenir autonome, le verger de baies doit être établi immédiatement après en avoir pris possession, car la dépense est faible, le rendement est rapide et les connaissances nécessaires sont très faciles à acquérir. Les petits fruits constituent donc une branche permanente de l'élevage à recommander à l'amateur de petits moyens, qui a besoin d'une denrée marchande pour faire bouillir la marmite.

Comme la plupart des vieilles fermes, chez nous il y avait quelques groseilliers négligés, un champ de framboisiers noirs et rouges à moitié sauvages et un parterre de fraises dans un état des plus démoralisés . Mais même ces pauvres dégénérés nous ont convaincus de l'économie de la culture de petits fruits pour notre propre usage et du profit que l'on pouvait tirer en approvisionnant les tables des autres. Outre le luxe d'avoir des fruits fraîchement cueillis, il existe des conserves, gelées et sirops pour l'hiver. À la fin de la première année, nous avons soigneusement taillé et cultivé les vieilles ronces, et planté un demi-acre de ronces et de groseilles noires et rouges. Par la suite, l'espace a été agrandi , jusqu'à ce que nous ayons un verger de baies de bonne taille, qui a toujours été rentable même pendant les pires saisons. Les ronces poussent dans presque tous les sols, mais si elles sont bien nourries et si elles bénéficient d'un habitat agréable, elles donnent un bien meilleur rendement. Le fruit est plus gros, mieux coloré et plus savoureux . Ainsi, lorsque cela est possible, choisissez un sol à caractère quelque peu sablonneux, avec un sous-sol lourd. Un terrain cultivé depuis deux ou trois saisons est le meilleur, car il aura été bien travaillé et sera donc relativement exempt de mauvaises herbes. Commencez par une petite parcelle, disons un demi-acre, divisée à parts égales entre des framboises noires et rouges, des mûres et des groseilles noires et rouges. Les fraises ne peuvent pas être incluses dans un verger général de petits fruits, car les plates-bandes ne sont rentables que pendant trois ans et il est préférable de les introduire dans une rotation régulière des cultures, en utilisant un terrain précédemment occupé par des pommes de terre ou du maïs. L'espace étant quelque peu limité, nous consacrerons ce chapitre aux ronces et aux groseilles.

Il y a de nouvelles plantes à privilégier chaque année dans les catalogues de pépinières, mais nous ne couvrirons que quelques-unes des anciennes plantes de réserve , comme la liste suivante : Framboises (rouges), Colombiennes et Cuthbert ; (noir) Gregg et Cumberland ; mûres, Wilson et Taylor ; groseilles, Red Cherry et Fay's Prolific; groseilles, Industrie et Perle. Le meilleur plan est d'acheter quelques dizaines de plantes de chaque variété dans une bonne pépinière pour les plants parents, et une fois qu'elles sont bien fixées, faites votre propre multiplication à partir d'elles. Les framboises doivent être espacées de trois pieds, en rangées espacées de cinq pieds. Bien fertiliser le sol avec du fumier d'écurie et le délimiter en rangées. Il est préférable d'utiliser une charrue pour le marquage, car vous disposez alors d'un sillon à la bonne profondeur pour planter. Si les plantes ont voyagé loin, placez-les dans une casserole peu profonde ou un demi-tonneau et couvrez les racines d'eau pendant dix ou douze heures avant de les planter. Les ronces bien taillées n'ont pas besoin d'être jalonnées, mais lors de la plantation de jeunes plants , il est bon de faire couper des tuteurs d'environ quatre pieds de long et de les pointer à une extrémité. Conduisez-en un tous les trois pieds le long des rangées, puis placez la plante à proximité. Étalez les racines sous leur forme naturelle, et raffermissez bien la terre autour d'elles, puis attachez les cannes sans serrer au tuteur, pour empêcher le vent de les souffler d'un côté à l'autre. À moins que des piquets ne soient utilisés à ce moment-là, les ronces ou les petits buissons se balancent d'un côté à l'autre à chaque brise légère et les racines se détachent, les empêchant ainsi de prendre prise sur le sol. La culture doit être aussi minutieuse et constante que celle du maïs jusqu'en août, car elle est nécessaire pour maîtriser les mauvaises herbes et permettre leur croissance. Après le mois d'août, il convient d'arrêter les cultures pour contrôler la croissance et permettre au bois d'été de mûrir avant les gelées.

Pour ceux qui débutent dans le jardinage, ce qui précède peut nécessiter quelques explications. La culture, c'est-à-dire remuer le sol en surface avec le cultivateur ou le râteau de jardin, empêche l'humidité de s'échapper du sol. L'humidité libère et met sous forme consommable les différentes propriétés du sol qui constituent la nourriture végétale. Un apport abondant de nourriture favorise naturellement la croissance. Arrêtez la culture, la nourriture diminue, la croissance s'arrête et les rameaux tendres à l'extrémité des branches ont le temps de durcir suffisamment pour résister au gel qui tuerait les nouvelles pousses.

La plantation et les soins généraux sont pratiquement les mêmes pour les mûres. Les framboisiers sont de nature adventice ou étalée et jettent de nouvelles pousses à partir des lits de racines, qui doivent être maintenus entre les rangées, sinon la parcelle deviendra un désert enchevêtré d'ici quelques années. Même pendant le premier été après le semis, il est conseillé de tailler au fur et à mesure que de nouvelles pousses se forment. Ne laissez pas les cannes atteindre une longueur de plus de vingt pouces. Le pincement des extrémités les oblige à rejeter des branches latérales et davantage de cannes de la racine principale, ce qui est très souhaitable, car les fruits ne portent que l'extrémité des branches cultivées l'année précédente. Après la première année, toutes les vieilles cannes ayant porté des fruits doivent être coupées.

L'hiver, lorsque la sève est revenue aux racines, est le meilleur moment pour ce travail ; mais comme l'amateur peut avoir quelque difficulté à distinguer les vieilles cannes des nouvelles, il est plus sûr de procéder à la démolition peu de temps après que les fruits ont été cueillis, lorsqu'il ne peut y avoir aucune erreur. Chaque automne, jetez du fumier d'écurie bien décomposé autour des racines de chaque plante et enfouissez-le dans le sol dès le printemps, lorsque le temps le permet. En même temps, passez la charrue entre les rangs pour détruire les pousses de racines indésirables. Les mûres ne forment pas de plates-bandes qui donnent naissance à de nouvelles pousses, il n'est donc pas nécessaire de labourer entre les rangs ; sinon, le débroussaillage et la taille sont pratiquement les mêmes que pour les framboisiers.

Lorsqu'il faut plus de plants de la famille des framboisiers, laissez quelques pousses de racines se développer pendant l'été et, au début du printemps suivant, ramassez-les avec une bêche tranchante, ce qui coupera le lien entre la nouvelle et l'ancienne plante sans blesser. soit. Comme les mûres ne produisent pas de nouvelles plantes de la même manière, elles doivent être créées à partir de graines ou de marcottes. Laissez une ou deux tiges de vieilles plantes pousser suffisamment longtemps pour tomber et atteindre le sol, et en août, fixez les sommets au sol avec un bâton fourchu et dessinez un peu de moisissure autour de chacune . Ils jetteront bientôt leurs racines et leurs parties aériennes, et au début du printemps suivant, ils pourront être coupés de la branche mère à environ huit pouces au-dessus de l'extrémité enracinée. Déterrez une nouvelle plante et placez-la en rangées comme les framboises. Toutes les ronces poussent très vigoureusement et sont remarquablement exemptes de maladies, mais il est conseillé de faire attention à l'anthracnose, qui est une tache grisâtre avec un centre violet . Ils sont plus susceptibles de faire leur apparition en été sur les jeunes cannes et, s'ils ne sont pas contrôlés, ils se multiplient et finissent par tuer les plantes. Découpez toutes les cannes affectées immédiatement après leur découverte et brûlez-les. Pulvériser les plantes adjacentes avec de la bouillie bordelaise deux ou trois fois en espaçant douze à quinze jours . Si de vieilles plantes sont affectées, aucune attention n'est nécessaire : prélevez-en des pousses. La rouille orange est la tache jaunâtre située sous les feuilles. Le seul remède est de déterrer et d'incinérer, mais je pense sincèrement qu'au lieu de parler de cause et de remède à des maladies occasionnelles, il est préférable de planter de nouvelles plantes tous les cinq ou six ans, car la vigueur juvénile fraîchement développée favorise invariablement la maladie . plus que n'importe quelle quantité de médecine.

Les groseilles, noires et rouges, devraient être présentes dans tous les vergers de petits fruits ; ou s'il n'y a pas de verger particulier, il faudra planter quelques buissons dans le potager. Les buissons doivent être espacés de cinq pieds, dans une position partiellement ombragée si possible et dans un sol riche et humide. Les groseilliers portent pendant de nombreuses années s'ils sont correctement entretenus, et dans leur cas, la taille n'a pas besoin d'être annuelle, car les mêmes branches porteront pendant plusieurs années ; il est cependant conseillé de couper quelques-unes des branches les plus anciennes tous les deux ou trois ans et d'encourager une nouvelle croissance. Au début du printemps, pulvérisez bien, puis à nouveau après la formation des fruits et encore à la fin de l'été pour lutter contre les foreurs. C'est le pire et le plus commun ennemi des groseilles. Il provient d'un papillon bleu foncé avec des bandes jaunes sur tout le corps, qui pond ses œufs sur les bourgeons des branches extérieures. Les œufs éclosent en petites chenilles blanches à tête sombre. Après avoir détruit l'apparence du buisson , ils creusent jusqu'au centre des tiges et y restent jusqu'à l'année suivante. De nombreuses maladies et insectes nuisibles seront évités si toutes les feuilles mortes sont ratissées sous les buissons à la fin de l'automne et brûlées. Paillez autour des buissons au début de l'hiver avec du fumier stable et enfouissez dans le sol au printemps suivant. On peut augmenter le cheptel soit en divisant les gros buissons, ce qui est vraiment le moyen le plus rapide, soit en prélevant des boutures. Si l'on suit cette dernière méthode — et lorsqu'il n'y a que de jeunes buissons sur les lieux, il faudra qu'il en soit ainsi — enlevez environ huit pouces de l'extrémité des branches bien développées de la même saison. Plantez-les de manière à ce que tout, sauf le bourgeon supérieur, soit sous terre. Ils n'ont pas besoin d'être espacés de plus de trois pouces et doivent être transplantés l'année suivante. Le mois d'août est la meilleure saison pour prélever les boutures, car cela leur laisse le temps de former des racines avant le gel. En novembre, protégez-les légèrement avec un paillis de paille ou de feuilles. Ils doivent rester dans le lit de la pépinière pendant un an avant d'être à nouveau transplantés dans leur position permanente.

Les groseilles à maquereau sont généralement cueillies vertes et utilisées pour les tartes, mais lorsque les variétés à gros fruits sont cultivées, elles sont délicieuses crues à maturité. Le sol doit être riche, limoneux et bien drainé. Peu de taille est nécessaire pendant les deux ou trois premières années après la coupe des pousses pour développer des dards fruitiers le long de la canne, mais bien sûr, les branches faibles ou cassées doivent être enlevées.

La multiplication se fait par drageons et par couches de monticules, bien que les variétés américaines poussent facilement à partir de boutures. Pour obtenir des couches de monticules solides, coupez les vieux buissons à la fin de l'automne ou au début du printemps pour encourager de nouvelles pousses à surgir des racines, et lorsqu'elles mesurent un à deux pieds de haut, poussez-les vers l'extérieur de la plante mère, en couvrant la base. de la pousse jusqu'à environ quatre pouces au-dessus de la racine avec de la terre, en la tassant bien. Puis, à l'automne ou au printemps suivant, séparez la

pousse de la plante mère et transplantez-la dans la maison permanente.
Laissez-les se tenir à environ quatre pieds l'un de l'autre dans chaque sens.

COMMENT ÉLEVER DES PLANTES VIVACES

LA renaissance des jardins rustiques d'autrefois est devenue un tel engouement parmi les gens à la mode que la femme de la campagne qui désire augmenter ses revenus trouvera dans la culture de plantes vivaces destinées à la vente une activité rentable, à condition, rappelons-le, qu'il y ait un bien-être. - faire une communauté à proximité où elle peut trouver un marché prêt.

Comme toutes les occupations liées à la nature, il est insensé de s'y essayer à moins d'avoir un amour inné pour ce travail, car il faut la sympathie globale d'une affinité réelle, ainsi que des connaissances techniques, pour élever avec succès des plantes ou des animaux. .

Le grand avantage de la culture de plantes à massif est le petit espace et le capital requis. Une centaine de pieds carrés et deux ou trois dollars pour les semences permettront à quiconque de faire un début, qui pourra facilement se transformer en une grande entreprise. Le mois correct pour démarrer des plantes vivaces à partir de graines est juin, mais comme cela nécessite d'attendre environ neuf mois pour tout retour, je suis sûr que le débutant sera d'accord avec moi en pensant qu'il est préférable d'en démarrer dans la maison ou dans le foyer, car alors les variétés celles qui fleurissent la première saison peuvent être vendues en mai ou juin, et celles qui ne fleurissent pas avant la deuxième saison seront de grandes plantes robustes en octobre, lorsque de nombreuses personnes plantent des plantes rustiques.

Les châssis des foyers, vitrés et peints, prêts à l'emploi, ne coûtent que trois dollars et cinquante cents chacun, et les murs des lits peuvent être fabriqués à partir de n'importe quelles vieilles planches, de sorte qu'ils n'ajoutent pas grand-chose aux dépenses de démarrage, mais si l'on ne se soucie pas d'entreprendre quelque chose d'aussi professionnel au début, il est tout à fait possible de se débrouiller avec des caissons peu profonds, si l'on a une fenêtre sud ou sud-est dans une pièce dont la température moyenne est de soixante à soixante-cinq degrés.

La première considération est d'obtenir un bon terreau pour les lits de semences ou les boîtes. Il doit être léger et fibreux, une condition qu'il est préférable d'obtenir en rasant le dessous du gazon et en le mélangeant avec environ deux fois la quantité de terre de jardin ordinaire et un peu de sable fin. Mais comme vous n'aurez probablement pas de réserve de gazon et que l'état gelé du sol rendra difficile son obtention, vous devrez le remplacer par du fumier de vache bien décomposé. Faites transporter de la terre de jardin ordinaire dans un endroit suffisamment chaud pour dissiper tout le gel, puis mélangez-la soigneusement avec le fumier pulvérisé et le sable. Passez au tamis fin et il sera prêt à l'emploi.

Même lorsque le foyer est utilisé, il est préférable d'avoir de petites boîtes pour les différentes variétés de graines et de les placer dans le foyer, au lieu de semer les graines directement dans le lit lui-même, car certaines variétés mettent plus de temps que d'autres à germer, et c'est un problème difficile d'aérer et d'arroser un lit contenant un assortiment divers , mais lorsque les graines sont dans des boîtes, elles peuvent être retirées du lit pendant la partie chaude de la journée, et la difficulté est d'autant plus grande. Les boîtes doivent avoir environ deux pouces et demi de profondeur et avoir quelques fissures ou trous au fond pour le drainage. Couvrez le fond d'une couche de cendres de charbon, puis remplissez jusqu'à un quart de pouce du haut avec le moule d'empotage . Lissez-le uniformément, arrosez et placez-le dans un endroit chaud.

Dans quelques jours, il y aura une récolte de plants de mauvaises herbes. Démolissez-les, réarrosez et laissez s'écouler quelques jours en cas d'apparition d'une deuxième récolte, après quoi vous pourrez procéder à la plantation en toute sécurité. C'est une bonne idée d'utiliser un shaker à farine ou à sucre en poudre pour les très petites graines, au lieu d'essayer de les semer à la main. Lorsque les graines sont suffisamment grosses pour être manipulées individuellement, comme les roses trémières, poussez-les dans le sol avec la pointe d'un crayon ou d'une brochette en bois, espacées d'un demi-pouce en rangées espacées d'un pouce.

Une fois les graines placées, répartissez- les de la moisissure . La quantité doit être déterminée par la taille des graines. La règle générale est le double de leur propre profondeur ; mais pour les variétés très petites, il vaut mieux ne pas mettre de couverture du tout.

Quelle que soit la profondeur du revêtement, le sol doit être fermement pressé avec un morceau de planche lisse, coupé pour s'adapter à l'intérieur de la boîte. Un sous-main ou un rouleau est très pratique et fait le travail de manière très uniforme. N'ayez pas peur d'appuyer fermement. Les graines doivent être étroitement enfoncées dans le sol, sinon l'air dessèchera les premières pousses fragiles et les tuera. Après le roulage et le pressage, saupoudrez d'eau, puis couvrez d'un morceau de verre ou de papier et placez-le dans le foyer ou la fenêtre.

Couvrir les boîtes de verre ou de papier est fait pour retarder l'évaporation. Les graines ne doivent jamais sécher pendant la période de germination ; l'arrosage est tellement susceptible de perturber le sol qui les entoure qu'il est à éviter si possible, mais si cela doit être fait, utilisez une rose très fine sur l'arroseur, de l'eau tiède et soyez très prudent.

Après l'apparition des plants, retirez le revêtement et lorsque les secondes feuilles se sont développées, transplantez-les dans des boîtes fraîches si vous dépendez de la culture en fenêtre. Si vous avez un foyer, ils peuvent être disposés en rangées espacées de un à deux pouces, selon la taille des plantes.

journées chaudes et lumineuses, la ceinture du foyer doit être relevée ou entièrement retirée, mais soyez très vigilant aux conditions météorologiques. Le printemps est une période de l'année tellement dangereuse que les matinées chaudes peuvent se transformer en après-midi glacials. Remplacez toujours la ceinture du foyer avant trois heures de l'après-midi et couvrez-la de nattes avant le crépuscule. Dès que le sol est en état pour les plates-bandes extérieures, creusez et cultivez soigneusement, car les plantes qui doivent être conservées pour les ventes d'automne doivent être repiquées dès que toute crainte de gel est passée et que les graines sont semées pour la pépinière. stock de l'année prochaine.

Les lits de semence en pleine terre doivent être bien préparés et rendus très fins et fibreux. Semez les graines en rangées et repiquez comme pour les plants d'intérieur. Les plates-bandes doivent toutes être exemptes de mauvaises herbes et bien cultivées pendant la saison de croissance. Lorsque des conditions météorologiques extrêmes surviennent à l'automne, couvrez légèrement de feuilles ou de terre, et les plantes hiverneront en toute sécurité et seront prêtes pour les ventes de printemps de l'année suivante. Les plants cultivés sur place qui doivent être vendus pour la litière de cette année peuvent être placés dans des plates-bandes, mais il est préférable de les mettre dans de petits pots individuels, qui doivent être en partie immergés dans la terre ou dans le sable. Les clients paieront généralement quelques centimes de plus pour les plantes en pot.

Il existe une variété tellement infinie de plantes vivaces qu'il est impossible de toutes les cultiver ; en fait, il serait très insensé d'essayer de le faire. Sélectionnez les types les plus connus et les plus populaires, et proposez-en des tailles différentes, afin de pouvoir faire des sélections pour les lits. Les roses trémières, les digitales, la lueur dorée, la capuche de moine mesurent toutes de trois pieds et demi à cinq pieds de hauteur. Viennent ensuite le phlox, le pied d'alouette, la fausse tête de dragon, les cloches de Canterbury et la bergamote. Un cran plus bas se trouvent les cœurs saignants, les ancolies, les fléaux du léopard, les asters, les lys et les giroflées. Encore plus bas se trouvent les coquelicots d'Islande, les primevères du Japon, les merles de sillage et les pensées.

La première année, cela augmenterait vos bénéfices en cultivant quelques-unes des variétés annuelles de la collection de foyers : roses trémières, sultans sucrés, tabac doux, asters, giroflées, réséda et salvia. Parmi les plantes vivaces qui fleuriront la première saison si les graines sont semées dans des boîtes ou des serres, se trouvent le capuchon du moine (qui est l'une des plus charmantes fleurs bleues hautes et se décline également en blanc et en mélange bleu-blanc) ; pied d'alouette; campanule chinoise (grandes fleurs en forme de cloche de bleu acier, blanches et violettes) ; l'héliotrope et les guimauves (roses, de couleur rose , blanches avec des taches pourpres et jaune doré avec des centres marron) - elles sont parmi les plus précieuses des floraisons de première année, car elles fleurissent tout au long de l'été. Trois des annuelles les plus parfumées sont le tabac doux, le doux sultan et la réséda.

Les Sweet- Williams sont si vieux favoris et sont si multicolores que j'ai toujours été reconnaissant qu'ils aient fleuri dès la première saison. La spire des prés, ou barbe de chèvre, comme on l'appelle souvent, est blanche et parfumée. La fleur de couverture atteint environ deux pieds de haut et possède les fleurs les plus magnifiques, d'un brun velouté foncé marqué de taches pourpres. Bien entendu, toutes les variétés proposées pour la culture hâtive en intérieur doivent également être semées en pleine terre en juin afin de produire une réserve abondante de plantes vigoureuses pour l'année suivante.

ROSES DE JUIN

ROSES DE JUIN

LE premier luxe que nous nous accordions à la ferme était une collection de roses. Nous avions mis de côté une somme d'argent pour quelques réparations nécessaires, et une fois celles-ci terminées , il nous restait six dollars que nous avons convenu de dépenser pour le jardin. Un dollar a été consacré aux graines vivaces, un autre à la racine de glycine. Les quatre autres étaient consacrées aux roses. Nous avons envoyé une collection annoncée de roses rustiques, composée de six plantes de deux ans pour un dollar et vingt cents, deux Crimson Ramblers à cinquante cents chacune et deux Dorothy Perkins à cinquante cents pièce, une collection pour le forçage hivernal, qui étaient seulement de petits plants, et coûtent quarante cents. Enfin, une rose mousse de deux ans a été ajoutée, qui coûtait également quarante cents. Depuis lors, plusieurs plants de deux ans de variétés spécialement recherchées ont été achetés, mais les achats effectués avec ces quatre dollars constituent en réalité le stock à partir duquel nous avons peuplé notre propre jardin et bien d'autres.

La première année, la Dorothy Perkins couvrait environ douze pieds carrés de paroi latérale, et toutes, sauf la collection d'hiver et l'une des autres, ont fleuri la première saison. Cent fiches ont été prises et quatre-vingt-deux ont survécu. Vingt furent vendus la saison suivante à dix cents pièce. La deuxième année, cent étaient vendus à cinq cents chacun à un magasin local, et trois douzaines à dix cents à des clients impairs. La collection d'hiver n'a pu fleurir qu'au deuxième hiver ; puis elles furent mises dans la serre à violettes, où elles se portèrent très bien, mais comme nous n'avions ni le temps ni l'envie d'entreprendre de nouveaux travaux en serre, nous n'essayâmes jamais d'augmenter le stock ni de faire des ventes. Cependant, la culture des roses pour le marché d'hiver est très répandue dans notre voisinage, et j'ai donc eu de nombreuses preuves du profit que l'on peut tirer de ce travail lorsqu'il est entrepris comme une entreprise. Mais en réalité, je pense que cultiver des plantes de jardin est presque aussi rentable et qu'il s'agit certainement d'une branche du travail beaucoup plus facile et plus saine. De plus, elle ne nécessite ni capital, ni connaissances requises pour la culture en serre.

Le meilleur sol pour les rosiers est celui qui est riche en matière végétale, comme le gazon, les racines et les feuilles mortes qui ont été exposées à l'action des éléments suffisamment longtemps pour se désintégrer et fondre dans le sol. C'est la condition que l'on retrouve dans le couvre-sol des bois et des forêts, et elle peut être simulée à la maison au moyen d'un tas de compost. Les vieux gazons, les feuilles et tous les déchets végétaux sont empilés avec des couches alternées de terre de jardin, laissées au repos pendant plusieurs mois, puis soigneusement fourchues et repilées . Lorsqu'on veut l'utiliser, on le passe au tamis grossier et on le mélange avec la moitié de sa propre quantité de fumier de vache.

Si la terre de votre jardin n'est pas très bonne, creusez de grands trous de deux pieds carrés et profonds. Remplissez ensuite avec du compost fait maison, ou de la terre des bois, et du vieux fumier de vache. Lorsque les jeunes plants sortent de la pépinière, déballez-les et placez les racines dans l'eau. Si le sol n'est pas prêt, ou si toute autre cause oblige à retarder la plantation, ajoutez de la terre riche à l'eau dans laquelle les plantes se trouvent, jusqu'à ce qu'elle ait à peu près la consistance de la boue, et maintenez-la dans cet état jusqu'à ce que les plantes puissent être plantées. dans leurs postes permanents à l'extérieur.

Faites un trou au milieu de l'espace rempli suffisamment grand pour permettre aux racines de s'étendre au maximum. Ne pressez jamais les plantes dans un petit trou, ce qui nécessite de doubler les racines. Cela s'applique à toutes les plantes ainsi qu'aux roses. Une fois que les racines ont été réparties uniformément dans le trou, saupoudrez-les de terre jusqu'à une profondeur de deux pouces ; puis arrosez abondamment, et après que l'eau ait été absorbée par le sol, remplissez de terre sèche et tassez soigneusement.

L'arrosage au milieu de l'opération de remplissage lave le sol dans toutes les anfractuosités autour des radicelles et assure un apport d'humidité autour des plantes. L'ajout de terre sèche au-dessus empêche l'évaporation, de sorte que les racines disposent d'une nourriture précieuse pendant qu'elles reprennent leur emprise sur la Terre Mère.

Un autre point à retenir lors de l'implantation des racines est qu'une exposition à l'est ou au nord est à préférer à une exposition au sud, car le soleil du matin leur est meilleur que le fort éblouissement de midi. Gardez le sol aussi propre et bien cultivé qu'autour des annuelles tendres.

Venons-en maintenant à la question de la nourriture pour cette beauté gloutonne. Procurez-vous un tonneau solide et placez-le sur des blocs pour l'élever à peu près à la hauteur d'un seau au-dessus du sol, puis fixez solidement l'ouverture d'un sac en toile de jute ordinaire autour du haut du tonneau, de sorte que le fond du sac tombe à l'intérieur. un pouce du fond du canon. Insérez un robinet commun juste au-dessus du cerceau le plus bas, puis versez deux seaux de crottes de vache fraîches dans le sac et versez de l'eau dessus jusqu'à ce que le tonneau soit plein. Laissez reposer deux ou trois jours avant de l'utiliser. Dose : Trois litres de liquide pour chaque plante toutes les deux semaines, à partir du moment où elles montrent leur vie au printemps jusqu'en septembre.

Les thés hybrides sont la variété la mieux adaptée à la culture en jardin. Elles abritent certaines de nos plus belles roses, sont parfaitement rustiques et fleurissent tout l'été. A cette classe appartiennent toute la famille Killarney et Lyon ; La France, la vicomtesse Folkestone , Mme Aaron Ward, Harry Kirk et une centaine d'autres. Afin d' assurer une floraison libre, aucun ne doit se faner sur le buisson. Surveillez de près et coupez dès que les pétales montrent des signes de flétrissement. Autorisez de longues tiges, car c'est la façon la plus naturelle de tailler ces plantes et assure un approvisionnement durable jusqu'au gel.

J'ai entièrement abandonné les Crimson Ramblers, car leur période de floraison est courte et leur feuillage n'est pas attrayant. Dorothy Perkins et Hiawatha grandissent toutes deux rapidement et sont meilleures à tous égards.

Il y a deux ans, j'ai acheté une plante de la nouvelle plante grimpante allemande, Thousand Beauties, qui porte bien son nom, car c'est une masse de fleurs, et c'est comme avoir vingt plantes en une, car elle porte des fleurs de toutes les nuances, du blanc au pourpre profond. Ce fut un émerveillement et un plaisir constants tout au long de l'été dernier et a fait autant de croissance que n'importe lequel des autres grimpeurs, donc je pense vraiment qu'il mérite une place dans n'importe quelle collection.

À l'automne, tous les buissons subissent une taille conservatrice, c'est-à-dire que seule une partie du vieux bois est enlevée (pas la totalité) et que les jeunes pousses rampantes sont réduites à environ la moitié de leur longueur. Une fois le sol gelé, une épaisse couche de fumier de vache est appliquée autour des plantes à une distance de deux ou trois pieds, selon la taille du buisson, et à la période de Noël, avant l'arrivée des intempéries vraiment sévères, les feuilles mortes sont étalé dessus, et quelques branches de cèdre, pour éviter qu'elles ne soient emportées par le vent. Au printemps, dès que le sol peut être travaillé, le fumier et les feuilles sont incorporés au sol et les branches détruites par l'hiver sont coupées.

Notre collection a été entièrement agrandie par des boutures. J'ai coupé environ six pouces de l'extrémité des branches, près d'un bourgeon. Ces boutures sont laissées au repos dans l'eau pendant deux ou trois jours, puis plantées dans des caisses peu profondes remplies de terre riche et humide, et conservées dans une cave lumineuse et chaude, où la température moyenne est d'environ cinquante degrés . L'année suivante, ils sont plantés dans des pépinières jusqu'en août, date à laquelle ils sont installés dans leurs maisons permanentes. L'été dernier, j'en ai transplanté dix directement de la cave dans un lit de jardin, et en juillet, ils mesuraient deux pieds et demi de haut et portaient de quatre à sept fleurs chacun d'août au 15 septembre, lorsque nous avons eu une nuit dure et glaciale, qui vérifié tout le développement.

Si les boutures sont destinées au forçage hivernal, procéder comme avant jusqu'au deuxième printemps, puis repiquer dans des pots qui seront enfoncés jusqu'au bord dans le sol.

Environ une fois par semaine, retournez les pots pour éviter que les racines qui pourraient se frayer un chemin à travers le fond du pot ne s'accrochent au sol. En même temps, coupez les boutons floraux qui pourraient apparaître. Nourrissez bien, pour favoriser la croissance, et vers juillet, faites remplir les bancs de la serre avec de la terre riche, à laquelle a été ajouté un bon pourcentage de sable argenté. Retirez les plantes des pots et espacées d'environ quinze pouces. Bien entendu, le feu ne doit pas être allumé dans l'appareil de chauffage et toutes les fenêtres et portes doivent rester ouvertes, afin que les plantes aient suffisamment d'air, et pendant les journées chaudes et fermées, elles doivent être légèrement pulvérisées trois ou quatre fois. un jour. Après le premier septembre, il y a un risque de gel, il est donc préférable de fermer les fenêtres la nuit, mais le principal désir est de garder les plantes au frais pour permettre leur croissance jusqu'à ce que les feux soient allumés et que le forçage commence réellement, ce qui devrait être environ Octobre. Lorsque les feux sont allumés pour la première fois, maintenez la température à environ cinquante-cinq degrés, augmentez lentement jusqu'à soixante-cinq, puis jusqu'à soixante-dix.

L'arrosage est un gros problème, et seule la pratique peut vraiment vous apprendre les proportions exactes. La seule consigne générale est la suivante : la plante ne doit jamais sécher ni être trop humide. Un spray contre les mouches vertes et autres insectes doit être utilisé le soir, une à deux fois par semaine, à partir du moment où les plantes sont retirées du jardin dans la maison.

LAVANDE ET HERBES

Y avoir un parterre d'herbes aromatiques dans chaque jardin, car leur utilité est multiple. Vous, les dames d'autrefois, connaissiez et estimiez leur valeur, mais lorsque la femme au foyer s'est métamorphosée en science domestique, la loi traditionnelle de nos grands-mères a sombré dans la dérision, et de nombreux facteurs de confort domestique auraient pu être enterrés à jamais dans l'oubli si une personne sage n'avait pas commencé une engouement pour les meubles anciens. Cela a suscité un intérêt général pour l'art ménagère d'antan et a entraîné une renaissance d'arts à moitié oubliés, parmi lesquels le jardin rustique et le parterre d'herbes aromatiques.

J'ai passé la plupart de mes vacances scolaires chez ma grand-mère dans le Yorkshire, en Angleterre, où de nombreuses coutumes de l'époque de la reine Anne restent inchangées. La lavande et les fines herbes me paraissaient donc indispensables dans un foyer qui se respecte, et dès que je possédais un jardin, elles furent installées. Peut-être n'avez-vous jamais ressenti le plaisir de dormir entre des draps parfumés d'herbes douces, alors vous ne savez pas ce qui vous manque. Chez grand-mère, des sacs en mousseline transparente étaient remplis de lavande, de thym et de romarin et conservés dans chaque armoire, tiroir de bureau et commode. De grands pots remplis de feuilles de roses et de réséda, toutes les herbes et de nombreuses épices étaient rangés dans les salons et les couloirs, et les couvercles étaient retirés pendant environ une demi-heure après le balayage et l'époussetage, de sorte qu'un léger parfum indescriptible s'y imprégnait. toute la maison, et c'était des plus délicieux. Les bâtons de punk et les pastilles ont une odeur si positive qu'au bout d'un moment on en est très fatigué, mais les odeurs d'herbes , étant délicates et indescriptibles, suggèrent simplement la fraîcheur des prairies en juin et revigorent les sens au lieu de lasser.

L'herbe est alors inestimable pour toutes sortes de lavages du teint et des cheveux. Même la beauté d'Hélène de Troie était attribuée à leur utilisation. Comme désinfectants - eh bien, la peste était censée être bannie d'Athènes par la purification de l'air avec des herbes aromatiques, et lors de la grande peste en Angleterre à l'époque d'Elizabeth, de petites boules de pâte à parfum enfermées dans de l'argent, de l'or ou de l'ivoire, ajourées. des médaillons ou des pommades étaient portés suspendus autour du cou ou portés dans les poches, et lors d'une épidémie de variole, grand-mère rapportait plusieurs de ces trésors hérités et les remplissait d'un composé fait de cire d'abeille, d'herbes et d'épices, et nous les portions tous dans le à l'ancienne. Quelle influence ils ont exercée sur la maladie redoutée, je ne prétends pas l'évaluer, mais nous y avons tous échappé. Le destin et la superstition séparés ou mêlés m'ont amené à utiliser de tels composés chaque fois que je voyage ou que je suis sciemment exposé à une infection. Même les médecins ne nient pas le bénéfice des odeurs sucrées , ni leur valeur comme désinfectants, alors pourquoi ne pas profiter de ce plaisir incontestable alors que cela ne signifie que quelques paquets de graines et un peu de peine.

La lavande est rustique lorsqu'elle est une fois bien implantée, mais ce n'est pas la plante vivace la plus facile à démarrer dans ce pays. Au début , j'ai acheté du matériel de pépinière, mais sur deux douzaines de plants que j'ai obtenus de quatre sources différentes pendant deux ans, un seul a survécu, et c'était toujours un semi-invalide, j'ai donc eu recours à la méthode plus lente de semis. En mars, une boîte peu profonde a été remplie de terreau soigneusement imbibé d'eau, puis recouverte d'environ un quart de pouce de terre, tapotée fermement, la boîte recouverte de verre et placée dans une fenêtre ouest. Dès que les plants apparaissaient, le verre était retiré, mais ils étaient protégés du soleil direct et légèrement arrosés chaque matin. Lorsqu'ils mesuraient deux pouces, ils étaient transplantés dans une boîte plus profonde et espacés de deux pouces. Environ deux mois plus tard, ils ont été transplantés dans un lit de semence partiellement ombragé dans le jardin, et les deux dernières feuilles ont été coupées de chaque plante pour assurer une croissance touffue. La culture fut constante tout au long de l'été jusqu'en août, date à laquelle ils furent à nouveau transplantés, cette fois dans un lit qui devait leur servir de résidence permanente, une bordure en partie ombragée par des arbustes. C'était un été très sec, donc ils étaient arrosés tous les soirs. Lorsque le temps frais s'installait, les feuilles étaient dispersées entre les plantes et leur quantité augmentait à mesure que le temps devenait plus rigoureux. Au printemps, le paillis était retiré et un peu de farine d'os ratissée dans le sol autour des plantes. Le sol doit être couvert chaque hiver, et il est bon d'avoir un pansement de fumier de vache bien décomposé dans le lit au début de l'automne.

En juin ou juillet, nous avons toujours d'énormes quantités de fleurs. Nous n'en avons jamais commercialisé, mais ils ont constitué la base de nombreux cadeaux de Noël et d'anniversaire. Dix livres de fleurs de lavande et une livre de feuilles de musc, de thym, de romarin et de menthe, le tout séché et mélangé avec une once de clous de girofle moulus, étaient la formule de grand-mère pour les sacs anti-mites qui préservaient nos fourrures et nos laines aussi efficacement que le camphre . boules ou mélanges de goudron.

La sauge est nécessaire pour les vinaigrettes du porc, du canard et de l'oie et constitue l'un des meilleurs toniques pour les cheveux : la variété à feuilles larges est la meilleure à cultiver. Cela permettra de gagner du temps pour acheter les plantes ; ils ne coûtent que dix cents pièce, sont très faciles à établir et assez rustiques. Trois plantes suffiront pour un approvisionnement domestique. Disposez-vous à trois pieds de distance dans une situation partiellement ombragée. Il existe deux variétés de thym ; les deux devraient trouver leur place dans le jardin, l'anglais à larges feuilles dans le parterre d'herbes pour aromatiser les ragoûts et les soupes ; le parfum d'amande dans le jardin fleuri, car c'est une jolie plante panachée qui reste verte toute l'année et qui ne sert qu'à faire des sachets et des pots-pourris. Les deux variétés sont vivaces, mais si elles sont semées tôt au printemps, elles mûriront dès la première saison. Les graines doivent être semées en rangées espacées de neuf pouces, sur un sol riche qui a été travaillé dans un état fin et meuble, avec un râteau de jardin fin, et ensuite lissé avec une planche ou le dos d'une bêche . Marquez les rangées en appuyant le bord d'une planche sur le sol. Ne faites pas de sillon car la graine est très petite. Ensuite, saupoudrez abondamment à l'aide d'une fine rose sur le bidon d'eau. Gardez la boîte de conserve en mouvement d'avant en arrière jusqu'à ce que le sol soit complètement saturé jusqu'à une profondeur d'un pouce. Attendez une heure, puis dispersez les graines en fine couche sur les lignes marquées et recouvrez environ un seizième de pouce de terre sèche et fine. C'est une bonne idée de remplir la drague à farine de terre et de la secouer sur les rangs, car vous êtes alors sûr qu'elle sera uniformément répartie. Une fois les graines recouvertes, placez une planche sur le rang et appuyez doucement pour garantir que les graines soient bien ancrées dans le sol.

Le thym, la marjolaine – en fait toutes les petites graines – se portent mieux si elles sont partiellement ombragées. Je fabrique des cadres longs et étroits de lattes et je les recouvre de mousseline écrue, puis j'enfonce quelques bâtons de chaque côté de la rangée et je pose les cadres dessus. Pour se protéger des tempêtes de vent, il est bon de planter quelques clous à travers les cadres dans les bâtons. Vers onze heures, il est conseillé d'asperger d'eau la mousseline recouvrant les cadres, car l'évaporation évite que les plants ne deviennent trop secs. Si le temps ne permet pas de réaliser les cadres, répartissez deux ou trois épaisseurs sur les rangs, en utilisant des pierres pour les maintenir en place, ou paillez avec des tontes de gazon. Je préfère les premiers, car ils sont faciles à enlever et ne sont pas aussi désordonnés qu'un paillis d'herbe, qui sèche et souffle.

Lorsque les plants sont bien établis, c'est-à-dire lorsqu'ils ont leur deuxième paire de feuilles et mesurent un pouce de haut, le paillis devra être enlevé, mais si les cadres sont utilisés, ils peuvent rester encore une semaine.

Le romarin est une autre plante vivace, et les plantes peuvent facilement être obtenues dans n'importe quelle pépinière, mais si vous souhaitez cultiver des graines, procédez exactement comme pour le thym. Une fois que vous avez une plante bien développée, il est préférable de la multiplier par bouture plutôt que de la faire pousser à partir de graines. Ils nécessitent un sol riche et une exposition ensoleillée, et ont besoin d'une légère protection pendant l'hiver. La plante entière est aromatique, mais les fleurs sont les plus fortes. C'est l'huile essentielle qui en est distillée qui constitue l'ingrédient principal de l'eau de Cologne. Une tasse de lavande, de thym, de romarin et de menthe, trempée dans deux litres d'eau chaude pendant deux heures, filtrée et ajoutée à un bain chaud, bannit miraculeusement la fatigue, et en cas de longue convalescence, une tasse du mélange. le bain à l'éponge est très gratifiant et rafraîchissant pour le malade.

La sarriette d'été est une plante annuelle. Il doit être semé en semoirs peu profonds espacés de neuf pouces, au début de l'été. La marjolaine douce est une plante vivace et devrait recevoir la même culture que la lavande. Les deux sont utilisés pour aromatiser les farces et les soupes. Le bane, le safran et l'absinthe appartiennent principalement au rayon volailles. Les premières sont annuelles, les dernières vivaces. La bourrache est une plante annuelle qui donne une touche piquante aux salades et aux boissons estivales dont les gourmets se régalent et que les abeilles adorent. Plantez dans un sol sec et sableux. L'aneth et l'estragon ne doivent pas être exclus de la collection d'herbes aromatiques, car ils améliorent les cornichons et sont nécessaires à de nombreuses sauces. Ce sont tous deux des annuelles de culture facile et pousseront dans n'importe quel jardin. Semez en rangées espacées de dix pouces et éclaircissez lorsque les plantes obtiennent des secondes feuilles. Pour faire du vinaigre d'estragon, rassemblez une pinte de jeunes brins, lavez-les et versez dessus deux litres de vinaigre de malt. Laissez reposer deux ou trois semaines, filtrez et si ce n'est pas assez fort, ajoutez des brins frais. Filtrer après deux semaines et mettre en bouteille pour utilisation.

La menthe verte nécessite un sol humide. Nous le cultivons en grande quantité, car nous avons un bon marché à cinq cents le paquet au printemps et en été. Ce n'est absolument pas un problème une fois introduit dans un sol propice, car il se propage rapidement et ne nécessite aucune culture au-delà de la coupe nécessaire pour le marché.

Ne faites pas l'erreur de transplanter de la menthe sauvage commune, car sa saveur ressemble généralement plus à celle de la menthe poivrée qu'à celle de la menthe verte, qui est la variété demandée pour les sauces. Nous avons acheté trois plants à l'origine, qui coûtaient quinze cents chacun, et maintenant ils couvrent environ cinquante pieds d'un côté du jardin arrière, où le sol est humide et ombragé par quelques vieux coings.

CULTURE DU CCRESSE

LE CRESSON est en demande constante toute l'année sur les marchés de toutes les grandes villes. Il s'agit donc d'une culture vendable qui devrait particulièrement plaire aux agriculteurs de banlieue, car elle doit être fraîchement cueillie pour être à son meilleur et ne peut naturellement pas être expédiée. les longues distances jusqu'au marché, ce qui est peut-être la principale raison pour laquelle cette culture est si rentable. En France et en Angleterre, les exploitations de cresson sont assez nombreuses, notamment aux alentours de Paris et de Londres ; mais dans ce pays, on commence tout juste à le cultiver dans une large mesure, le principal approvisionnement du marché étant fourni par les Italiens qui font de courts voyages dans le pays et le cueillent dans les étangs et les ruisseaux où il pousse à l'état sauvage. Dans de telles circonstances, il n'est pas surprenant que les feuilles de plantes aquatiques vénéneuses se retrouvent souvent en bottes proposées à la vente sur les marchés publics. Nous approvisionnons nos clients en œufs et un hôtel en cresson depuis quatre ans, et nous n'avons jamais reçu moins de cinq cents par botte - généralement dix cents - et de novembre à mars de douze à quinze cents pour une botte de bonne taille.

Comme bon nombre de problèmes secondaires qui ont apporté de l'eau à notre moulin, cela est né d'un apparent accident . Il y avait un grand lit sauvage dans le ruisseau qui traversait les prairies inférieures, dans lequel nous récoltions du cresson au printemps et en été. Un jour de janvier, en empruntant par hasard un chemin de charrette, nous avons été étonnés de voir de nombreuses branches vertes fraîches pousser sous le maigre abri d'un pont bas en rondins qui traversait le ruisseau. Nous avons accepté l'allusion et avons décidé de protéger une partie suffisante du ruisseau l'année suivante pour nous fournir de la salade fraîche tout l'hiver. Au cours du mois d'octobre, des broussailles étaient entassées sur une distance d'environ six pieds de chaque côté du ruisseau. En novembre, lorsque les nuits commençaient à être très froides, nous fabriquions des cadres avec de minces poteaux de cèdre, les entrelacions avec de fortes branches de cèdre, puis les placions au-dessus du ruisseau, les extrémités reposant sur les broussailles, ce qui les élevait d'environ neuf mètres. pouces au-dessus du cresson. Bien que primitif, cet arrangement prouvait sans aucun doute qu'il était possible de forcer le cresson.

Cet hiver-là, nous mettions souvent un peu de cresson autour des volailles qui étaient expédiées à des clients privés, et il y avait tellement de demandes pour un approvisionnement régulier que nous avons conclu qu'il serait payant d'augmenter les lits. Mais comme le ruisseau était à quelque distance de la maison, et accessible aux vaches lorsqu'elles étaient dans le pâturage inférieur, nous décidâmes d'utiliser l'évasion de la source, qui ne manquait jamais. Il avait jusqu'alors été emporté par un drain carrelé situé sous la pelouse latérale. Les opérations ont commencé en creusant un fossé de trois pieds de large et un pied de profondeur. Au début, sa longueur n'était que de cinquante pieds ; par la suite, elle fut portée à cent pieds. Comme le sol était de l'argile lourde, nous avons transporté du sable propre d'une berge à l'autre bout de la ferme, et avons couvert le fond du fossé jusqu'à une profondeur de trois pouces pour former un lit de semence et aussi pour atténuer les effets effrayants habituels. créatures de ruisseau rampantes.

Tous les cinq pieds du fossé, des écluses étaient insérées - de simples arrangements en forme de boîte, faits de planches brutes, dont l'une pouvait être élevée et abaissée à volonté, de sorte que la quantité d'eau dans chaque section de cinq pieds soit inférieure à celle du fossé. contrôle. Lorsque le fossé et les écluses furent terminés, un piège divisé par le milieu fut placé devant l'évacuation de la source pour diviser le débit d'eau, et une longueur de tuile à chaque extrémité du piège le transportait vers l'opposé. côtés du fossé pour assurer une distribution uniforme.

C'est un bâtiment spécial en pierre, de douze pieds carrés, utilisé pour le lait et le beurre. Le sol est à environ trois pieds au-dessous du sol, et une gouttière de quatorze pouces de largeur et douze pouces de profondeur court tout autour des quatre côtés et est continuellement remplie d'eau courante froide provenant d'une source située à environ trois pieds à droite du sol. maison. L'eau est divisée par une pierre à son entrée dans la maison, et va à droite ou à gauche dans le caniveau jusqu'à atteindre la sortie du côté opposé de la maison. Le sol et la gouttière sont en pierre, ce qui rend l'endroit très propre et ressemble beaucoup à une laiterie d'antan.

Une fois que les lits ont été complètement saturés d'eau , tout le ruissellement a été coupé, sauf le moindre. Les racines du ruisseau de la prairie ont été ramassées, soigneusement lavées à l'eau douce pour éliminer les créatures effrayantes mentionnées précédemment, puis déposées dans le sable au fond du fossé. Des pierres des champs étaient placées sur les racines de chaque plante pour éviter qu'elles ne soient délogées par l'action de l'eau avant qu'elles n'aient eu le temps d'établir un ancrage. Au bout de deux semaines, toute la réserve d'eau put s'écouler dans le fossé, et elle recouvrit le fond jusqu'à une profondeur de cinq pouces.

La moitié des plantes sont mortes et ont dû être replantées, mais l'année suivante, tout le fossé n'était plus qu'un massif de cresson. Les feuilles étaient beaucoup plus grandes et leur saveur bien meilleure que ce que le cresson avait jamais été à l'état sauvage. Bien sûr, si l'on voulait obtenir le meilleur prix en hiver, notre désir était de forcer la récolte à cette saison. Nous avons construit des côtés de quinze pouces de profondeur jusqu'au fossé, en utilisant des dalles brutes, qui ne nous coûtaient que cinquante cents le chargement de la scierie située dans les bois. Ensuite, nous avons utilisé le châssis froid ordinaire sur le dessus.

Une fois les planches établies, leur culture consiste à les couper et rien d'autre ; et comme la coupe est nécessaire à l'approvisionnement du marché, il est en réalité plus vrai de l'appeler récolte que culture ; cependant, négliger de couper régulièrement les plates-bandes dès qu'elles atteignent quatre pouces de hauteur ruinera un lit très rapidement, à mesure que les plantes poussent avec des tiges épaisses et s'étalent.

Nous constatons que les vieux lits ne sont généralement pas aussi rentables que les jeunes, c'est pourquoi nous avons pour habitude de renouveler trois ou quatre sections chaque année. La méthode consiste à retenir l'eau en juillet jusqu'à la mort des plantes, puis à les arracher, après quoi le fond du fossé est creusé pour laisser entrer l'air et adoucir le sol. Après un laps de temps de deux ou trois jours, on le ratisse de nouveau et on étale quelques charges de sable frais sur le fond, saturé d'eau comme auparavant; cependant, au lieu de vieilles racines, nous utilisons maintenant des glissades de trois pouces de long, prises des extrémités de vieilles plantes ramifiées. Elles s'enracinent très rapidement et donnent de meilleures plantes que les anciennes racines.

À deux reprises, nous avons commencé à créer une souche entièrement nouvelle à partir de la graine, et nous pensons que le résultat mérite tout à fait cette peine supplémentaire. La graine est très légère et petite, il est donc préférable de la démarrer dans des bacs peu profonds remplis de sable, qui doivent bien sûr être maintenus saturés d'eau, mais pas immergés.

Mai ou juin est la meilleure saison pour cette plantation, car alors les plantes sont suffisamment grandes pour être transplantées dans des plates-bandes en juillet et seront bien établies avant la saison du forçage.

Pour un petit approvisionnement domestique pendant l'hiver, des demi-barils ou des cuves de lavage peuvent être utilisés. Remplissez-les à moitié de terre sableuse et placez-les dans une cave lumineuse et chaude. Réglez les glissades à quatre pouces de distance en août et gardez-les perpétuellement humides. Si vous n'avez aucun moyen d'obtenir des boutures, achetez des graines auprès de n'importe quel bon semencier. Commencez dans des casseroles peu profondes en juin.

J'ai vu il n'y a pas longtemps un article dans un journal qui estimait qu'un acre de cresson, aux prix actuels du marché , rapporterait de quatre à cinq cents dollars par an.

Le cresson doit être soigneusement préparé pour le marché. Rassemblez et regroupez en même temps pour éviter toute manipulation inutile. Coupez les tiges uniformément une fois les grappes ficelées et emballez-les dans des caisses légères recouvertes de foin ou de mousse. Placez les grappes rapprochées en rangées, avec du foin ou de la mousse entre les couches. Expédiez à bord de trains en retard s'ils doivent prendre le transport express, afin d'éviter l'exposition à la chaleur du soleil pendant le transit. Lorsque de petites quantités sont destinées à des clients privés, emballez-les dans des caisses de fraises ou de raisins, car le cresson risque moins de chauffer et de se gâter lorsqu'il est emballé de cette manière.

MON EXPÉRIENCE AVEC LES ABEILLES

L' ancienne ruche était si peu pratique et si coûteuse que beaucoup de gens qui font remonter leurs connaissances en apiculture à l'ancienne ferme auront du mal à croire que l'apiculture soit devenue une industrie pratique et lucrative au cours des vingt dernières années, jusqu'à ce que aujourd'hui, la quantité moyenne de miel mise sur le marché chaque année dépasse cent millions de livres, ce qui représente une valeur monétaire de huit à dix millions de dollars.

Dans une localité favorable , une ruche, avec sa colonie moyenne de trente-cinq mille ouvrières et une reine, produira de trente à quarante livres, en plus des quinze ou vingt nécessaires pour nourrir la ruche pendant l'hiver.

Le caractère vicieux de l'abeille noire d'antan a beaucoup à voir avec la négligence de cette industrie rentable. Les abeilles italiennes sont cependant tellement douées pour la récolte du miel qu'elles sont presque universellement élevées maintenant, et sont si douces que même une personne nerveuse peut facilement apprendre à les manipuler sans craindre les piqûres.

Les principales plantes mellifères dans nos États de l'Est sont les fruits de toutes sortes, le criquet, le trèfle blanc, le trèfle cramoisi, le tilleul, le sumac, la verge d'or, le sarrasin, le tournesol, le raisin et l'aster. Parmi ceux-ci, le trèfle, le tilleul et le sarrasin fournissent l'essentiel de notre récolte de miel dans la plupart des localités, bien que d'autres rendements soient souvent obtenus. La floraison des fruits, bien que produisant beaucoup de miel, arrive si tôt dans la saison qu'elle est principalement consommée par les abeilles pour l'élevage du couvain. Le trèfle commence à la fin du mois de mai, dure plusieurs semaines et donne un miel de couleur claire et de saveur fine . Le tilleul fleurit la première partie du mois de juillet, dure une dizaine de jours et produit un miel très blanc. Le sarrasin fleurit en août et dans la première partie de septembre. Il donne un miel rouge foncé au goût prononcé .

Mon rucher a commencé avec trois ruches, achetées pour deux dollars lors d'une vente aux enchères à la ferme. Je ne connaissais rien aux abeilles ni aux ruches à l'époque ; le propriétaire n'était pas là pour être interrogé, c'était donc une procédure vraiment risquée, à déconseiller. Mais si le hasard permet de se procurer pour quelques dollars une ou deux bonnes ruches à buis, à cadre mobile, et des abeilles de toutes sortes, prenez-les et améliorez le stock en introduisant de bonnes reines italiennes, qu'on peut acheter pour quelques dollars. deux dollars et cinquante cents chacun de n'importe quelle maison d'approvisionnement pour les abeilles. Ils peuvent être expédiés par la poste dans de petites cages.

Lorsqu'une reine italienne est introduite dans une ruche d'abeilles communes en mai ou juin, il n'y aura aucun signe des occupants d'origine à l'automne. Car les abeilles qui travaillent sont des travailleuses si infatigables qu'au moment de la floraison, elles s'épuisent généralement en six semaines environ et ne survivent certainement jamais plus de douze semaines. Les faux-bourdons sont chassés de la ruche pour mourir chaque fois que l'une des différentes cultures de fleurs qui fournissent du miel est en déclin. Les reines vivent des années, mais en tant que perpétuatrices de leur race, on ne peut compter sur elles que pendant trois ans.

Si votre voisinage immédiat ne peut pas fournir de stock pour commencer, le meilleur plan est d'envoyer chercher des cadres de noyaux et une reine. Un cadre coûterait trois dollars et contient à peine assez d'abeilles pour constituer une colonie forte. Il est donc préférable d'envoyer trois cadres, ce qui constituera un superbe début et ne coûtera qu'un dollar et cinquante cents supplémentaires. Si vous les achetez en juin ou juillet, ils se seront tellement multipliés au moment où le sarrasin sera en fleur que vous pourrez constituer une deuxième colonie. Bien sûr, une ruche remplie d'un effectif complet d'abeilles peut être achetée, mais coûterait au moins dix dollars. Les frais express seraient très coûteux, car les abeilles relèvent des créatures vivantes, et il faudrait payer le double des tarifs. Les cadres de noyaux sont emballés dans des caisses légères qui coûtent moins de la moitié.

Une ruche doit être prête à recevoir les petits voyageurs à leur arrivée, et là encore il convient d'envisager des tarifs express. Une ruche prête à l'emploi coûtera deux dollars et soixante cents, et presque autant d'expression que cinq ruches « dans l'appartement », comme disent les marchands, et les cinq ruches peuvent être achetées pour neuf dollars et vingt-cinq cents. Des clous de la bonne taille et des instructions complètes sont envoyés avec la ruche, de sorte que même une amatrice trouvera assez facile de les assembler. J'utilise des ruches à deux étages en queue d'aronde, composées d' un couvercle , d'un fond, d'une chambre à couvain et de deux hausses. Il est préférable de garder les abeilles dans un coin tranquille du jardin ou sous les arbres du verger, où elles sont protégées du soleil de midi et des vents d'est. Lorsque nous n'avions que deux ou trois ruches, elles se trouvaient sur une étagère dans un abri ouvert, fabriqué à partir d'une grande caisse d'emballage achetée au magasin général pour vingt cents. En hiver, nous emballions de la paille ou des feuilles autour des ruches et installions des planches devant, qui s'appuyaient contre le haut de la caisse et s'inclinaient de quelques centimètres jusqu'au sol. C'était pour empêcher la neige et la pluie d'entrer tout en permettant une bonne ventilation. Maintenant que les ruches sont disséminées dans le verger, il suffit de les glisser chacune dans une caisse un peu plus grande qu'elle et de placer une planche devant. Plus au sud aucune protection ne sera nécessaire, mais au Nord il serait conseillé de transporter les ruches dans une cave sèche et bien aérée pour l'hiver. Le seul inconvénient de cette dernière solution est que les abeilles peuvent devenir agitées assez tôt au printemps. Il convient donc de surveiller l'état des ruches.

Un petit miroir à main placé à l'ouverture de la ruche, et une lumière tenue dans l'autre main pour qu'elle éclaire la ruche, vous permettront de voir ce qui se passe à l'intérieur. Si les abeilles semblent agitées, c'est un signe certain qu'elles ont besoin de plus d'air. Ouvrir les fenêtres de la cave à la tombée de la nuit, lors d'une nuit modérée, assurera généralement toute la ventilation nécessaire, jusqu'à la mi-mars ou la fin du mois de mars, lorsqu'il est préférable de laisser les abeilles faire un vol de nettoyage si elles semblent encore agitées. Il n'est pas très difficile, lorsqu'on possède seulement quelques ruches , de les transporter par une journée chaude et de les placer là où elles se trouvaient l'automne dernier. Cela doit être fait tôt le matin et avec le plus grand soin possible, afin de ne pas déranger les détenus, qui se réveilleront progressivement à mesure que le soleil gagne en force et prendront leur envol. Cela soulagera les intestins des déchets qui ont causé leur agitation. Après le coucher du soleil, ramenez les ruches dans la cave et les abeilles resteront tranquilles jusqu'à ce que le printemps soit suffisamment avancé pour justifier leur extinction pour la saison, qui est généralement lorsque les érables et les saules tendres commencent à fournir du pollen. .

Dès que les journées sont chaudes au printemps, nous parcourons les ruches et leur effectuons un nettoyage général. Si une ruche semble manquer de miel, on enlève un rayon d'une ruche bien approvisionnée et on lui donne, et comme certaines abeilles sont sûres d'être mortes pendant l'hiver, certaines colonies seront plus fortes que d'autres, il faut donc être égalisé. Lorsqu'une ruche comporte plus de cinq cadres remplis de couvain, un ou deux sont retirés et placés dans des ruches comportant moins de cinq cadres remplis de couvain. Un grand avantage de la ruche à cadre moderne est qu'elle peut retirer et mettre du couvain, puis ajouter plus tard des hausses et des sections vides, car celles d'origine sont remplies de miel.

La vie d'une abeille est apparemment une existence parfaitement arrangée à l'avance, remplie de tâches qui sont intuitivement comprises et accomplies de manière infaillible. Il n'y a qu'une seule reine autorisée dans chaque colonie, et elle pond tous les œufs, les ouvrières étant des femelles imparfaitement développées . Les drones sont les membres masculins de la population, les paresseux, que les ouvrières doivent nourrir, d'où la raison pour laquelle ils sont expulsés de la ruche lorsque la nourriture vient à manquer.

La reine est véritablement un personnage royal, qui ne quitte la ruche que pour entreprendre ce qu'on appelle le vol nuptial, lorsqu'elle rencontre quelque faux-bourdon en plein air, et revient pour devenir la mère unique de la ruche. Elle est toujours gardée par un petit cortège de serviteurs, qui la nourrissent et la soignent tandis qu'elle se promène de cellule en cellule, déposant un œuf dans chacune avec un zèle infatigable. L'œuf se transforme en un minuscule ver ressemblant à un larve, qui est nourri pendant sept jours par de jeunes ouvriers ; Ensuite, la cellule est recouverte par un autre groupe d'ouvrières, le larve étant laissée tranquille pendant onze ou douze jours, après quoi elle s'est développée en une abeille à part entière, qui ronge son chemin hors de la cellule et prend immédiatement place. les devoirs de la vie. Pendant six ou sept jours, son temps est consacré à nourrir les œufs nouvellement éclos, puis, pendant à peu près le même temps, à construire des rayons et à nettoyer les ruches, après quoi il est évidemment considéré comme suffisamment fort pour quitter la ruche et commencer le travail ardu. tâche de récolter le miel. La reine est dispensée de tout travail.

Une semaine ou deux après qu'une reine vierge a pris son vol nuptial, la ruche doit être ouverte et les cadres retirés, un par un, et examinés jusqu'à ce que la reine soit trouvée. Elle se distingue des autres par la longueur de son corps et la façon dont les autres abeilles se regroupent autour d'elle. Soulevez-la très doucement par le dos, en faisant attention de ne pas lui serrer le ventre, et avec une paire de ciseaux pointus, coupez les deux ailes d'un côté de son corps. Cela garantit un vol court au moment de l'essaimage. Lorsqu'elle sort à nouveau de la ruche, l'état d'excitation des abeilles indique généralement quand cela va avoir lieu, et comme la reine ne peut pas voler avec ses ailes coupées, vous n'aurez pas de problème, car elle sera trouvée au sol. près de la ruche, avec un groupe d'abeilles autour d'elle, et l'essaim complet non loin. Approchez-vous très doucement et placez un petit piège métallique sur la reine. Les pièges sont vendus par toutes les entreprises d'approvisionnement en abeilles et coûtent vingt-cinq cents. Placez le piège dans l'ouverture de la ruche que vous désirez que l'essaim occupe, approchez-vous prudemment de l'essaim complet et, avec un balai doux, balayez les abeilles dans la ruche si la position qu'elles occupent le permet ; sinon, utilisez une boîte ou une casserole, portez-les jusqu'à la ruche et videz-les devant. Ils vont bientôt commencer à occuper la nouvelle maison. Le toboggan du piège à reine peut être ouvert et les abeilles à l'intérieur se mettront au travail.

Après le premier essaim, en début de saison, il convient de prendre tous les moyens possibles pour éviter des récidives. Le manque d'espace est la principale cause du départ des vieilles abeilles d'une ruche, aussi peut-on accomplir beaucoup de choses en manipulant soigneusement les cadres. La partie inférieure de la ruche est consacrée à l'élevage du couvain ; l'autre partie est composée des cadres qui maintiennent les caissons de section. Les boîtes à sections sont les petites caisses carrées dans lesquelles le miel en rayon est commercialisé.

Parmi les inventions modernes en apiculture, il y a la fondation en peigne, ou starter, comme on l'appelle parfois. Autrefois, les abeilles devaient fournir toute la cire nécessaire à la construction des rayons. Maintenant, on l'achète avec les alvéoles déjà entamées, et les abeilles n'ont plus qu'à les retirer et à terminer le travail, ce qui évidemment fait gagner beaucoup de temps aux petites ouvrières et leur permet d'emmagasiner davantage de miel. Ce qu'on appelle une fondation moyenne est utilisée dans les cadres à couvain et une fondation fine ou extra fine dans les boîtes de section. Les abeilles ignorent parfois l'espace supplémentaire lorsqu'elles sont ajoutées au-dessus des cadres sur lesquels elles ont travaillé, il est donc conseillé de surélever la hausse supérieure et d'en insérer une autre en dessous. Cette fourniture de sections vides atténue sensiblement l'essaimage, mais ne l'empêche pas toujours. Ce sont les essaims ultérieurs qu'il est si important de contrôler, car ils sont de peu d'utilité, étant rarement en mesure de rassembler des réserves suffisantes pour les conserver pendant l'hiver. En septembre, toutes les ruches doivent être examinées, et si certaines contiennent moins de vingt-cinq livres de miel, il faut recourir à l'alimentation artificielle. Préparez un sirop avec des quantités égales de sucre et d'eau ; faites chauffer lentement, en remuant tout le temps, en faisant très attention à ne pas le laisser brûler, car le sirop brûlé signifie la destruction des abeilles. Laissez-le refroidir, puis remplissez ce qu'on appelle une mangeoire Miller, qui coûte trente-cinq cents et s'insère dans n'importe quelle ruche à cadre mobile.

UN CHAMBRE DE CAVE

CONSERVATION DES FRUITS ET LÉGUMES

AU moins la moitié des bénéfices tirés de la vie à la campagne se matérialisent en hiver, lorsque les fruits et légumes peuvent être retirés des dépenses de subsistance de la famille. C'est pourquoi l'entretien et le stockage des produits du jardin et du verger revêtent une grande importance pour la ménagère. qui veut que la maison fournisse les dépenses courantes. Pour bien se conserver, il faut rassembler les choses à l'instant entre le plein développement et la pleine maturité, car, si le développement n'est pas complet, les fruits et les légumes rétrécissent et se fanent ; s'ils sont complètement mûrs, ils pourrissent rapidement.

La cave de la maison, le grenier, ou encore une cave à racines ou une fosse dans le jardin sont tous disponibles sur un terrain de campagne et conviennent tous à des choses différentes. La cave est idéale pour conserver les fruits et légumes. Il y a longtemps, nous avions des râteliers constitués de boiseries deux par deux - certains de six pieds de long, d'autres de trois pieds et tous deux de deux pieds de large - que nous placions sous les tonneaux et les caisses pour les soulever du sol et permettre à un libre courant d'air de circuler. en dessous pour les protéger de l'humidité et de la moisissure. Pour économiser de l'espace, nous avions des boîtes de dix pieds de long et dix pouces de profondeur, disposées par rangées de trois, espacées d'un pied d'espace. Les charpentes qui les supportaient étaient également constituées de boiseries deux par deux, et s'étendaient depuis les chevrons du plafond jusqu'au sol.

La conservation des premiers fruits, comme les groseilles, les fraises et les framboises, dépend principalement de l'habileté du cuisinier, car ils doivent être mis en conserve et transformés en conserves et en gelées. Prenez l'habitude d'effectuer ce travail en petites quantités, d'un litre à six litres, ou même d'une pinte, selon la réunion de la journée. L'habitude d'attendre le plus fort de la saison, lorsqu'un grand rassemblement est possible, est souvent la cause de la détérioration des conserves faites maison, car il est presque sûr que certains fruits seront trop mûrs, ce qui signifie que la fermentation ou la moisissure se développeront . en peu de temps, et ruiner toute l'ébullition.

Après avoir essuyé et étiqueté les bocaux, ils doivent être conservés dans un endroit frais et sombre. Nous avons un grand placard au fond de la partie extérieure de la cave, où sont conservés tous ces biens. Commencez par les asperges, qu'il est préférable de conditionner dans des bocaux remplis de sel et d'eau et de les cuire au chaudron à vapeur pendant une heure et demie. Les pois sont décortiqués, et environ deux litres de coques et un brin de menthe sont bouillis dans quatre litres d'eau pendant trente minutes, puis égouttés,

l'eau portée à ébullition, salée au goût, et les pois y sont bouillis lentement.
pendant trente minutes. Remplissez les bocaux jusqu'à débordement et vissez
immédiatement le dessus. Les haricots doivent être enfilés, tranchés et
bouillis dans de l'eau salée, comme pour la table, ou emballés en couches de
deux pouces, avec une pincée de sel entre les deux, dans un pot en pierre.
Placez une assiette ou une pierre sur les haricots pour les maintenir sous la
saumure et couvrez bien. Au moment de l'utiliser, trempez-le dans de l'eau
fraîche et froide pendant la nuit et faites cuire de la manière habituelle.

La cueillette et l'emballage sont de la plus haute importance pour la
conservation des fruits. Le moment le plus favorable est celui où le fruit a
atteint sa pleine croissance et sa couleur , c'est-à-dire plusieurs jours avant
qu'il ne soit bien mûr. Tous les fruits doivent être manipulés avec le plus
grand soin ; la moindre ecchymose ou égratignure déclenche une condition
qui entraînera la pourriture. Une haute échelle à rallonge, un escabeau haut
et un garçon agile sont les conditions nécessaires pour la cueillette. Lorsque
cela est possible, choisissez une journée claire et fraîche, préparez les caisses
et les tonneaux et mettez toute l'aide en service. Avant de permettre à
quelqu'un de cueillir des pommes, apprenez-lui comment. Prenez la pomme
avec légèreté, tournez-la lentement et appuyez vers le haut, de sorte que la
tige soit séparée de la branche et non du fruit.

Celui qui grimpe doit jeter ses chaussures, car elles risquent de blesser l'écorce
de l'arbre, ce qui cause toujours des problèmes ultérieurs. Un sac peu
profond, suspendu en bandoulière à la manière d'une écharpe, est le meilleur
réceptacle que le cueilleur puisse utiliser, car il laisse les deux mains libres. Le
travail est grandement facilité si deux personnes peuvent cueillir, deux
emballer et une cinquième transporter les fruits des cueilleurs aux emballeurs.
Prévoyez deux sacs-élingues pour chaque cueilleur, afin que le ramasseur
puisse prendre le sac plein et en remettre un vide, ce qui évite de vider les
fruits dans un panier.

Les emballeurs et les barils, ou boîtes, doivent se tenir côte à côte, avec une
boîte de hauteur et de taille convenables retournée pour servir de table sur
laquelle placer les sacs à bandoulière lorsqu'ils sont pleins. Les meilleures
pommes sont emballées dans de petites boîtes, avec du papier entre les
couches. Les deuxièmes qualités sont mises en fûts. Mettez une couche de
foin au fond du tonneau, remplissez-le de fruits et terminez par une couche
de foin. Les petits peuvent être utilisés pour le cidre et pour l'alimentation du
bétail.

Les oignons sont prêts à être récoltés lorsque les fanes tombent et sèchent.
Choisissez une journée sèche pour les déterrer. Laissez les bulbes au sol
pendant plusieurs jours, puis transportez-les dans un hangar, où ils pourront
être étalés encore deux ou trois jours, le temps de terminer le travail de coupe

des racines et des sommités. Nous avons une pièce au-dessus du bûcher que nous utilisons pour les oignons, car ils ont tendance à germer dans une cave suffisamment humide pour conserver les autres plantes-racines en bon état. Nous avions disposé tout autour des murs des gradins, faits de lattes, sur lesquels sont étalés les oignons, et, par précaution contre le gel, on les recouvre de sacs ou de feuilles sèches d'automne, à l'approche des gros temps. Percer des trous espacés d'environ neuf pouces sur les côtés des barils ; remplir avec les oignons, en laissant la tête du tonneau retirée, et placer dans n'importe quelle pièce inutilisée.

Les pommes de terre doivent être déterrées dès que les fanes sont mortes. Choisissez une journée sèche et lumineuse et transportez-le immédiatement dans un endroit sombre pour sécher. Ne les laissez pas à la lumière sur le terrain, mais étalez-les quelques jours, puis conditionnez-les à la cave dans des fûts percés de quelques trous, ou dans des bacs dont le fond est en lattes.

Les carottes, les navets et les betteraves doivent être emballés dans des caisses ou sur des niveaux d'étagères. Dans les deux cas, ils doivent être bien recouverts de sable ou de terre pour éviter que les racines ne se flétrissent . Placez quelques planches dans un endroit ensoleillé et placez-y les courges et les citrouilles. Ils doivent y rester environ une semaine ou dix jours et être recouverts la nuit de sacs ou d'une vieille couverture, après quoi ils les placent dans un endroit sec et frais.

Les choux-fleurs sont arrachés avec autant de terre qu'il est possible d'attacher aux racines et suspendus tête en bas au plafond de la cave ; Des choux de Bruxelles, pareil. Le chou est arraché de la même manière et emballé en rangées de deux ou trois de front sur le sol de la cave. Ceux-ci sont destinés à être utilisés par très mauvais temps. La majeure partie est empilée dans une fosse du jardin et recouverte de terre, de paille et de broussailles.

Le céleri est en partie protégé par le buttage pour le blanchiment, on peut donc le laisser au jardin jusqu'au 1er octobre, voire le 15 s'il fait doux, mais il doit être rentré avant les fortes gelées. Environ neuf pouces de terre sont répandus sur le sol tout le long d'un côté de la cave. Le céleri est déterré et amené avec la terre qui adhère aux racines, puis mis en terre comme si les plantes devaient pousser, seulement elles sont placées très rapprochées et environ trois de front. Lorsque la rangée est terminée, les planches sont placées aux extrémités, sur toute la longueur de la rangée, et un autre jeu de têtes est emballé de la même manière, chaque rangée supplémentaire étant divisée par des planches. Ceci est fait pour empêcher le céleri de chauffer et de pourrir, comme ce serait le cas si la masse entière pouvait se toucher. Une fois la mise en place terminée, de la terre est largement dispersée entre les têtes.

Il y a généralement une grande quantité de tomates vertes encore sur les vignes à l'automne, et les tomates de grande taille peuvent être emballées dans des boîtes peu profondes, avec du papier entre les couches, et conservées dans un endroit frais et sombre. Plus tard dans la saison, sortez-en quelques-uns à la fois pour qu'ils mûrissent sous la fenêtre d'une pièce chaude.

Les raisins doivent être soigneusement coupés, les grappes examinées et les raisins défectueux enlevés à l'aide d'une paire de ciseaux. Placez des lattes sur une boîte à environ deux pouces du haut, en attachant les grappes de raisin aux lattes et en les laissant pendre dans la boîte, en laissant un espace entre les grappes. Remplissez la boîte de papier de soie finement découpé et conservez-la sur l'étagère de la cave.

La cave de conservation des fruits doit être bien aérée et exempte d'humidité, même si une cave en ciment a tendance à être trop sèche, ce qui fait flétrir les fruits. Dans ce cas, placez une cuve ou quelques seaux d'eau dans la cave et ne manquez pas de les changer une à deux fois par mois. Une cave sèche avec un sol en terre battue est généralement idéale, mais si un dégel rapide se produit au début du printemps, un tel sol risque de devenir très humide ; comme remède, placez dans la cave une ou deux caisses larges et peu profondes, remplies de chaux non éteinte, qui absorberont l'humidité.

FORCER LA RHUBARBE ET LES ASPERGES

NOUS n'étions guère plus que installés à la ferme lorsque j'ai lu un article dans un journal agricole sur le fait de forcer la rhubarbe dans une cave sombre. Il y avait beaucoup de rhubarbe dans le jardin et beaucoup de place dans la cave. Plusieurs racines furent déterrées et emballées dans un coin de la section que nous réservions aux légumes, mais comme l'article ne mentionnait pas qu'aucune chaleur était nécessaire, et qu'il fallait chasser toute lumière, l'entreprise ne fut pas un succès, car là Il y avait une fenêtre dans le mur près du coin choisi, qui permettait à la lumière d'éclairer directement les racines, et la température était beaucoup trop froide. Il y avait des dizaines de petites tiges grêles, avec de grandes feuilles vertes à leurs extrémités, mais rien ne méritait le nom de plante à tarte.

Cependant, avant l'hiver suivant, j'avais acquis des connaissances techniques et une expérience indirecte pour commencer. La fenêtre était fermée et deux lanternes brûlaient près des racines. Nous avons mangé des charlottes à la rhubarbe, des tartes à la rhubarbe et de la compote de rhubarbe au petit-déjeuner, aussi souvent que nous le souhaitions, de décembre à mars, et ce qui est plus intéressant, nous l'avons vendu pour quatre-vingt-deux dollars.

Après avoir construit la cave à champignons, une section a été réservée à la rhubarbe et aux asperges, et toutes deux sont devenues un complément rentable à nos revenus hivernaux. Un grand avantage de ces deux cultures pour un usage domestique est qu'il n'est pas nécessaire d'utiliser du fumier ou une grande quantité d'humidité, et pour cette raison il n'y a pas d'odeur désagréable qui puisse se répandre dans les pièces à vivre.

Naturellement, lorsqu'il s'agit de récolter de grandes quantités pour le marché, il est préférable de disposer d'un local de travail spécial, mais même cela ne nécessite aucune dépense sérieuse. Un voisin a construit une maison de vingt-huit pieds de long sur le plan en pirogue, sur un flanc de colline, derrière sa maison ; juste barricadé sur le devant et se termine par des dalles brutes, ce qui lui a coûté deux dollars et cinquante cents. Trois rouleaux de papier goudronné, à un dollar et dix cents chacun, ont été utilisés pour exclure la lumière et les courants d'air. Le tuyau de poêle coûtait encore deux dollars. Il avait un vieux poêle, mais même s'il avait dû en acheter un, cela ne lui aurait coûté que huit ou dix dollars de plus, et la première récolte lui rapporta cent trente dollars.

Il y a souvent un vieux bâtiment autour d'une ferme qui peut être utilisé pour ce travail, mais s'il n'y a pas de flanc de colline ou de bâtiment disponible, il est préférable de creuser jusqu'à une profondeur de trois pieds, ce qui rend la maison d'environ neuf pieds de large et aussi longue que Tu aimes. Cela permettra un chemin de deux pieds au milieu et un peu plus de trois pieds de chaque côté, dans lequel stocker les racines. Les murs latéraux ne doivent être qu'à un pied au-dessus du sol, mais il est préférable d'avoir un toit en pointe, dont le centre est à trois pieds et demi au-dessus du sol, afin qu'il y ait suffisamment d'espace libre au centre de la maison.

Placez une porte à une extrémité, avec une extension de hangar et une contre-porte au-delà, à moins que la maison ne puisse être construite à côté d'un hangar ou d'une dépendance sur laquelle la porte peut ouvrir. Couvrez les extrémités et le toit avec du papier goudronné et recouvrez les côtés de terre. Ensuite, au centre de la maison, faites une fosse, à environ deux pieds au-dessous du sol et assez grande pour y placer un poêle, et faites passer le tuyau depuis un double coude jusqu'à chaque extrémité de la maison.

La raison pour laquelle on a fait la fosse pour que le poêle puisse y reposer est de placer le tuyau le plus près possible du sol. Il est possible de se passer du poêle si le sol de la maison est recouvert de fumier et qu'une bonne réserve est tassée sur les côtés de la maison, mais comme cela coûterait plus cher et beaucoup plus laborieux, je vous conseille d'adopter le poêle. plan, d'autant plus qu'il n'implique aucune des subtilités déchirantes habituellement attachées au fonctionnement des appareils de chauffage des serres, il n'y a pas de conduites d'eau qui pourraient geler ou endommager les récoltes si le feu s'éteignait ou même s'éteignait complètement. Mon voisin , qui a construit la maison à flanc de colline, me raconte qu'il n'avait pas de poêle à charbon au début et qu'il utilisait le poêle à kérosène de sa cuisine d'été.

Après avoir décidé où et quelle quantité sera récoltée l'hiver prochain, les travaux préliminaires doivent être commencés immédiatement. Si vous avez beaucoup de vieilles racines dans le jardin, déterrez-en le plus grand nombre dès qu'il est possible de mettre une bêche dans le sol, et coupez les racines en morceaux de bonne taille, en prenant soin d'en laisser deux à quatre. yeux (bourgeons embryonnaires, qui sont indubitables) dans chaque touffe.

Si vous avez une bande de terrain sur laquelle du maïs ou des pommes de terre ont été cultivés l'année dernière, répandez-y du fumier de ferme. S'il s'agit d'un terreau lourd, labourez profondément, mais s'il s'agit d'un sol légèrement sableux, les sillons n'ont pas besoin d'avoir plus de six pouces de profondeur, et en plus de l'engrais de basse-cour, il sera bon d' utiliser une épaisse couche de cendre de bois. Nous épandons le fumier de grange à environ trois pouces de profondeur sur toute la surface du sol avant de labourer, puis nous répandons les cendres, herssons de haut en bas, laissons agir environ deux semaines, puis hersons d'un côté à l'autre.

Lorsqu'il est en bon état, le sol doit être délimité en rangées espacées d'environ quatre pieds. Passez la charrue deux fois dans le même sillon, et la tranchée sera suffisamment profonde pour permettre de disperser un peu plus de fumier, puis recouverte légèrement de terre avant d'y mettre les plantes. Écartez-les de trois pieds. Cultivez bien tout l'été pour rester propre et favoriser la croissance.

Coupez toutes les tiges florales qui peuvent apparaître, car une tige florale prend plus de force de la racine que vingt tiges fruitières, c'est pourquoi il ne faut jamais les laisser mûrir, même dans les plates-bandes ordinaires.

Les touffes laissées intactes pour l'approvisionnement d'été devraient être bien fertilisées avec du fumier dans le sol autour d'elles de temps en temps après la saison de récolte, afin qu'elles soient en bon état pour entrer dans la cave en décembre.

Lorsque les vieilles touffes auront été divisées et plantées en avril, elles seront suffisamment grosses et résistantes pour être utilisées pour le forçage en décembre suivant, mais s'il faut acheter de jeunes plants de pépinière, il est préférable de reporter le forçage au deuxième hiver.

Vers le 15 novembre, nous déterrons les racines et les laissons geler ; puis vers le 1er décembre, ou même un peu plus tôt si les nuits ont été glaciales, la moitié des racines est entassée dans un hangar, et l'autre moitié tassée sur le sol en terre battue du forçage. On répand un peu de terre entre eux, puis on les asperge d'eau dans laquelle on a dissous du nitrate de soude, une once de ce dernier pour un gallon d'eau.

On allume le poêle, on installe une chaudière de lavage d'eau, puis le travail consiste simplement à secouer le poêle, à mettre un demi-seau de charbon et à remplir la chaudière nuit et matin.

Au bout de trois à quatre semaines, le premier rassemblement est effectué. Les tiges doivent mesurer de douze à quatorze pouces de haut, et quatre sont généralement rassemblées en bouquet. Les racines donneront de bonnes récoltes pendant trois à quatre semaines, mais la récolte devrait cesser lorsque la récolte montre des signes de déclin.

Lorsque vous décidez que les racines cesseront de porter, laissez le feu s'éteindre. Trois ou quatre jours plus tard, les racines peuvent être enlevées et empilées dans un hangar, et celles qui sont restées dormantes sont ramenées et étalées sur le sol de la cave . Procédez comme pour le premier lot et, à la fin de la saison, éteignez simplement à nouveau le feu et attendez que le temps permette la plantation à l'extérieur. Divisez ensuite les racines en deux ou trois morceaux, selon leur taille, et plantez en rangées comme auparavant. Ils seront prêts à forcer à nouveau le deuxième hiver, de sorte qu'une fois commencés, l'offre sera toujours en augmentation.

Les asperges peuvent également être forcées de la même manière que la rhubarbe, la seule différence étant que les racines des asperges ne se divisent pas bien, il faut donc semer des graines chaque année pour conserver un stock à forcer. Les plantes ne peuvent pas être utilisées avant la troisième saison et ne sont pas censées valoir la peine d'être replantées pour les forcer.

Les asperges peuvent également être forcées en plaçant des cadres et des châssis de foyer au-dessus des plantes, et en regroupant tout autour des cadres avec du fumier stable, pour générer de la chaleur. Cette méthode n'accélère que légèrement la récolte. Il n'y a rien de plus satisfaisant ni de plus rentable que l'obscurité d'une maison ou d'une cave, car la culture de racines à partir de graines pose relativement peu de problèmes, et une fois l'approvisionnement commencé, il est facile d'entretenir une succession de racines de trois ans. Vous pouvez gagner du temps la première année en achetant des plantes d'un ou deux ans dans une pépinière, en les plantant dans le jardin et en les utilisant l'année suivante pour le forçage.

ÉLEVAGE DE PORCS

UNE maison de campagne suffisamment grande pour entretenir une vache devrait certainement élever un porc, si l'on veut que les choses fonctionnent sur une base rentable, car le lait écrémé, le babeurre et les déchets de légumes ne peuvent être éliminés de manière satisfaisante, à moins qu'il n'y ait un porc pour les consommer. . Construisez d'abord l' étable . Le nôtre est construit sur le plan anglais, un compartiment à coucher de six pieds carrés, cinq pieds de haut en avant, trois pieds en arrière. Compartiment extérieur de même dimension, avec des murs hauts de trois pieds et un plancher légèrement incliné vers l'avant. Il y a une auge dans chaque coin du compartiment ouvert. Le sol de la chambre à coucher est six pouces plus haut que le compartiment extérieur, et tout le bâtiment, à l'exception du toit, est en béton et peut donc être facilement et soigneusement nettoyé.

Si l'on veut élever plusieurs truies, chacune doit avoir un étable et il doit y en avoir un ou deux de grande taille pour les jeunes animaux. La porcherie doit être située aussi loin que possible de la maison et de l'arrivée d'eau.

Si les fonds doivent être distribués avec beaucoup de soin, commencez par une paire de jeunes, qui peuvent généralement être achetés dans n'importe quelle région agricole au printemps pour environ six dollars la paire à l'âge de six semaines. Ils auront besoin d'un peu de soins supplémentaires au début, d'un lit chaud de foin commun ou de feuilles sèches sur de la paille. Il est conseillé de les surveiller au moment du repas pour voir s'ils mangent. La première semaine, faites bouillir un litre de son de blé, des flocons d'avoine pilés (avoine décortiquée très grossièrement moulue), de la semoule de maïs grossière et des rebuts blancs , et douze litres d'eau pendant une demi-heure. Laisser reposer jusqu'à ce qu'il soit froid, puis ajouter suffisamment de lait écrémé pour obtenir une bouillie assez épaisse. Donnez quatre litres trois fois par jour pour deux porcs. Habituez-les progressivement aux légumes. À l'extérieur, des feuilles de chou, de laitue et d'autres légumes verts, des épluchures de pommes de terre et des cosses de pois peuvent tous être utilisés . Faites bouillir jusqu'à tendreté, mélangez-y un peu de son ou de flocons d'avoine et nourrissez-les une fois par jour. Après une semaine ou dix jours, réduisez progressivement la bouillie et remplacez-la par une alimentation régulière, en gardant toujours à l'esprit qu'il faut construire la charpente avant de tenter l'engraissement.

S'il y a beaucoup d'argent dans le Trésor, vous pouvez gagner du temps en achetant une truie mature qui doit mettre bas en avril. Lors de votre sélection, choisissez un animal à l'apparence placide et réputé pour être une bonne mère. Un cochon vicieux et de mauvaise humeur est une menace dans une ferme familiale. De plus, la truie vicieuse est généralement une mauvaise mère. Aucun animal n'est probablement plus facilement affecté par le traitement qu'il reçoit lorsqu'il est jeune qu'un porc. Traités avec bienveillance, ils deviennent des créatures dociles et douces ; s'il est maltraité, hargneux et dangereux. C'est pour cette raison qu'il est peut-être préférable pour l'amateur de commencer par deux petits ou par une vieille truie. Supposons que vous ayez acheté une truie après la saillie ; vous pouvez vous attendre à des petits dans seize semaines. Sa portée peut être composée de six à quatorze personnes. Laissez-la faire beaucoup d'exercice jusqu'à quelques jours avant la date prévue de son accouchement, puis limitez-la à son propre élevage .

Pour des raisons de sécurité, il est bon de fabriquer un cadre en forme d'aile qui se tiendra à environ six pouces au-dessus du sol et de la même manière depuis les parois latérales. Ensuite, si Mme Mère est assez négligente pour se retourner, tout bébé qui risque d'être écrasé peut s'échapper sous le pare-chocs. Nous avons utilisé de vieux rails de clôture en chêne, les avons coupés pour qu'ils s'ajustent parfaitement d'un mur à l'autre, et avons percé de grands trous de tarière de sept pouces à chaque extrémité. Des boulons et des écrous solides ont été placés dans les coins, et des blocs de bois de six pouces carrés sont placés pour qu'il repose dessus ; étant boulonnés ensemble, ils sont facilement démontables et insérés et retirés des enclos, car ils ne sont plus recherchés après que les petits aient atteint l'âge de quelques jours.

Faites nettoyer soigneusement le compartiment de couchage et recouvrez-le de paille et placez le pare-chocs quatre ou cinq jours avant l'arrivée prévue de la litière, et ne la dérangez pas ensuite jusqu'à ce qu'ils aient quatre ou cinq jours. Mettez une petite quantité de paille propre dans le compartiment extérieur au cours de la dernière semaine. Environ un mois avant la mise bas, laissez prédominer le son et l'avoine moulue dans la ration de la truie et ajoutez un peu de farine de lin. Elle doit rester en pleine vigueur , mais ne doit pas grossir, c'est pourquoi il est préférable d'éliminer le maïs de son alimentation. Après l'arrivée de la litière, ne donnez rien de plus lourd qu'un peu de gruau de son pendant vingt-quatre heures. Nourrissez légèrement pendant deux ou trois jours, puis augmentez en lui donnant à peu près tout ce qu'elle veut ; au bout de dix jours, commencez à ajouter de la semoule de maïs en quantités limitées et des aliments verts de quelque sorte que ce soit, à moins que le temps ne soit tel que la famille puisse aller au pâturage. Il devrait y avoir une petite ouverture dans le compartiment extérieur suffisamment grande pour que les jeunes puissent s'y faufiler, et à l'extérieur une cour clôturée dans laquelle il n'y a pas d'abreuvoir. Lorsque les bébés ont deux semaines, donnez-leur un peu de céréales. Ils apprendront bientôt à s'aider eux-mêmes et réduiront ainsi les ennuis au moment du sevrage. Nous emmenons la mère quand ils ont six ou sept semaines et la laissons courir avec le troupeau jusqu'à l'approche de la mise bas. Si un verrat est élevé, il doit avoir son propre enclos et une cour séparée. Sa nourriture doit être bonne, mais pas trop grasse. Le meilleur âge se situe entre un et cinq ans.

Pour réussir à élever des porcs dans votre ferme familiale, vous devez vous débarrasser de l'idée selon laquelle ce sont des créatures naturellement sales, car ce n'est vraiment pas le cas. Avec des locaux propres, un ruisseau pour se baigner et une alimentation saine, ils se respectent autant que n'importe quel animal de la ferme. S'il n'y a pas de ruisseau ni de source près du pâturage, une grande parcelle de gazon doit être enlevée et le creux rempli d'eau. Après quelques semaines, laissez sécher et faites un nouveau bain.

Veillez à ce qu'aucun horrible baril d'eaux grasses à moitié moisi ne soit conservé dans les environs. Les restes de table, à l'exception de la viande, des épluchures de légumes, des petites pommes de terre, des pommes, en fait tous les légumes invendables, sont bouillis dans le cuiseur avec à peu près la même quantité de sel que celle que nous devrions utiliser pour cuisiner pour la table. Lorsque tout est tendre, le son, l'avoine concassée , les shorts ou les mélanges sont mélangés pour en faire une bouillie épaisse, le tout étant étroitement couvert et laissé au repos jusqu'à ce qu'il soit froid. Parfois, les tiges de maïs sont hachées et bouillies de la même manière. Lorsqu'un cuiseur d'aliments est utilisé, la préparation des aliments ne pose aucun problème et va certainement plus loin que le cru. Chaque animal a une nuit et une matinée douloureuses. Du lait écrémé et du babeurre, lorsqu'il y en a, et une fourchette d'ensilage en hiver, lorsqu'il n'y a pas de pâturage. De l'eau est constamment devant eux dans l'une des auges en ciment, dans laquelle deux fois par semaine un seau de cendres de charbon est mis pour faciliter la digestion, et une fois par semaine une once de soufre et de charbon de bois est ajoutée à la nourriture . Lorsque les porcs pèsent environ cent livres, le maïs peut commencer à remplacer leurs céréales, car à partir de ce moment-là, l'engraissement est l'unique fin et le seul but de l'élevage. Le porc charnu, petit ou moyen, qui pèse de deux cent cinquante à trois cents livres, rapporte aujourd'hui un meilleur prix sur les marchés de l'Est que le gros cochon gras, de sorte que les revenus se réalisent plus rapidement, et il est avantageux de les forcer avec le le meilleur de la nourriture. Si par hasard une truie met bas à la fin du mois de novembre, il est plus rentable de commercialiser les petits comme cochons de lait que d'essayer de les conserver dans le froid de janvier et février. Le jambon et le bacon sont forcément un produit de base dans les foyers campagnards, et un véritable luxe lorsqu'ils sont salés à la maison. Dès que la viande est refroidie, il faut la saler, car si elle se congèle, il est impossible d'en faire du bon jambon et du lard. Sugar et Wiltshire sont les deux méthodes préférées. Il existe sur le marché une petite machine manuelle spécialement conçue pour injecter le liquide pour la méthode Wiltshire. Le prix positif, je ne le connais pas, mais je crois qu'il est d'une dizaine de dollars. Cependant, j'ai utilisé une seringue en métal blanc, qui contient trente-six onces et qui répond très bien à la petite quantité entreprise. Le procédé indiqué dans un vieux reçu anglais est le suivant : Ajoutez à cinq gallons d'eau, douze livres de sel, une livre de salpêtre , une once de sel de prunelle, deux livres de cassonade. Porter doucement à ébullition, laisser mijoter une quinzaine de minutes, écumer ; une fois refroidi, il est prêt à être utilisé dans la machine à injecter ou dans la seringue. Insérez la seringue dans la chair et injectez le cornichon. Cela doit être fait tous les quelques centimètres sur toute la surface de la viande, pour garantir que tout le morceau soit imprégné de liquide. Disposez la viande sur la plaque, saupoudrez de salpêtre , posez la couenne vers le bas et recouvrez le côté coupé d'une épaisse couche de sel. Le travail doit être effectué sur une dalle de pierre ou un banc en bois dur aux bords surélevés. Laissez reposer la viande quinze jours, et recouvrez-la de sel frais. Après sept jours supplémentaires, lavez la viande avec des chiffons propres et laissez-la sécher pendant plusieurs jours avant de la fumer. La méthode du sucre séché est, je pense, à préférer dans ce pays, parce qu'elle est plus généralement appréciée. Placez les jambons et les accompagnements sur une dalle et procédez comme suit : Mélangez cinq livres de sel avec trois livres de cassonade et deux onces de salpêtre . Frottez soigneusement toutes les parties de la viande, tous les trois jours pendant trois semaines, après quoi lavez, essuyez et séchez pour la fumer. Bien sûr, vous savez que seul du bois dur doit être utilisé pour le feu. Le caryer vert est le meilleur. Les saucisses doivent être composées d'un tiers de pain rassis râpé. N'utilisez jamais de pain neuf ou humidifié. Les boyaux ne coûtent que cinq cents la livre, il est donc préférable de les acheter déjà préparés. Un bon mélange est constitué de cinq parts de porc maigre, une part de graisse, deux parts de veau ou de mouton. Passez au hachoir, puis, tous les huit livres, ajoutez une cuillère à café de sauge, de thym et de marjolaine séchés et finement réduits en poudre, deux cuillères à café de moutarde, de poivre et de sel. Ajouter la chapelure en dernier, bien mélanger et remplir les boyaux. Créez des liens courts et gras.

PRENDRE SOIN DES ANIMAUX DE COMPAGNIE

SELON toute vraisemblance, aucune créature sur terre ne souffre autant désespérément de l'ignorance humaine que l'animal domestique. Les gens qui élèvent des chevaux, du bétail ou même de la volaille considèrent qu'il est nécessaire de connaître leurs désirs et leurs exigences, mais le pauvre animal de compagnie est le bénéficiaire de beaucoup d'affection et de beaucoup de cruautés, car il est cruel de ruiner sa santé par une alimentation inappropriée et sa vitalité. et le bonheur par manque d'exercice. Un chien ou un chat en bonne santé et heureux est le meilleur compagnon de jeu que les enfants puissent avoir ; un compagnon divertissant pour tout membre de la race humaine, mais un animal malade et en mauvaise santé constitue une menace positive pour la famille.

Le jeune chien qui vient d'être séparé de sa mère nécessite des soins particuliers et un entraînement patient, sinon il ne deviendra pas un compagnon intelligent. Même un chien plus âgé provenant de chenils réputés aura besoin d'un guidage attentif. Bien sûr, je fais référence au chien de maison général ; les chiens de chasse sont généralement dressés à leurs fonctions spéciales avant d'être vendus. Mais le chien de maison ou de compagnie doit comprendre une multitude de choses, qui varient toutes selon les particularités de la famille qui l'adopte, il doit donc réadapter ses habitudes aux nouveaux propriétaires et à l'environnement.

Préparez un chenil avant l'arrivée du chien. Une caisse de marchandises sèches recouverte de papier de toiture fera l'affaire si elle est munie de deux lourds morceaux de carrelage cloués en travers du fond, pour la soulever de trois ou quatre pouces au-dessus du sol, afin que l'air puisse circuler en dessous et empêcher l'humidité de sortir du sol. rendant le sol humide. Placez-le dans un endroit abrité, à l'abri des vents hivernaux ou de l'éblouissement d'un soleil d'été. Un bon paillage chaque semaine par temps froid et un bon brossage par temps chaud sont des précautions sanitaires à respecter. Ayez un œillet à vis solide sur un côté du chenil et une chaîne avec un bouton-pression pivotant à chaque extrémité pour éviter que la chaîne ne se torde jusqu'à la moitié de sa longueur et pour plus de commodité lors de la manipulation d'un chien étrange.

Si le chien a été mis en cage et exprimé, rappelez-vous que la pauvre bête sera très probablement effrayée, fatiguée et fâchée. Parlez-lui un moment et parvenez, si possible, à lui mettre un collier et une chaîne avant d'ouvrir la caisse. Laissez ensuite M. Dog sortir seul, à son rythme. Promenez-le quelque temps et laissez-le inspecter les lieux aux alentours de la maison. Naturellement, les chiens auront besoin d'exercice, alors ne le réduisez pas.

S'il y a des signes de constipation, un plat de lait caillé corrigera généralement le problème. Si cependant le voyage a l'effet inverse, ce qui est très probable en été, ébouillantez le lait, versez-y du pain rassis grillé et servez-le lorsqu'il est bien froid.

Lorsque le chien a terminé son inspection des lieux, attachez-le à la niche et veillez à lui fournir une bassine d'eau solide et lourde qui ne puisse pas être facilement renversée . Laissez-le s'habituer à sa nouvelle maison et dormir de la tension nerveuse du voyage. S'il gémit ou aboie, ne vous approchez pas de lui. Il est trop excité et bouleversé pour être discipliné, et la sympathie et les caresses à ce stade signifieraient un combat prolongé plus tard.

Nourrissez-le vous-même et emmenez-le courir sur chaîne le soir, tôt le matin et à midi. Décidez quelles seront les heures les plus pratiques et essayez de ne pas les modifier. Deux ou trois jours suffisent généralement pour que le chien moyen accepte un nouveau maître et revendique le chenil comme son château, de sorte qu'après ce délai, il puisse bénéficier de la liberté.

Si le chien est jeune et doit dormir dehors, il doit être enchaîné la nuit, sinon il aura tendance à prendre l'habitude de s'éloigner tôt le matin ou les nuits au clair de lune, mais aucun chien, jeune ou vieux, ne devrait le faire. être maintenu perpétuellement enchaîné. Les jeunes chiens, en particulier ceux de la classe des terriers, ont intérêt à être enchaînés dans un endroit frais et ombragé au milieu de la journée, car ils ont tendance à se précipiter et à être submergés par la chaleur, qui provoque souvent des crises et terrifie la famille. croyant qu'il s'agit d'un cas d'hydrophobie.

Si le nouveau chien a moins de neuf mois, nourrissez-le trois fois par jour. Le pain et le lait, les flocons d'avoine, le hominy ou tout autre aliment de ce type qui a été bien bouilli, laissé refroidir et recouvert de lait constituent un petit-déjeuner approprié. Le déjeuner peut être composé d'un demi-gâteau pour chiots ou d'une tranche de pain brun. Le repas principal doit être composé de viande bouillie, d'oignons et de riz, mélangés à des légumes verts cuits.

Après le neuvième mois, deux repas par jour suffisent. Soyez aussi prudent de ne pas suralimenter que de ne pas sous-alimenter. Un chien doit être prêt à chaque repas, mais jamais avoir faim. Ne donnez pas de lait non échaudé ni de pommes de terre sous quelque forme que ce soit si vous souhaitez garder le chiot exempt de vers. Le lait caillé une à deux fois par semaine est bénéfique, mais ne doit pas être donné plus souvent. Deux fois par semaine, un os avec un peu de viande est nécessaire. Certains pensent que la viande crue est mauvaise pour les chiens, mais une quantité limitée de viande fraîche et maigre est vraiment nécessaire pour les chiens en croissance, et être sur les os nécessite beaucoup de rongements, ce qui est bon pour les dents et favorise l'écoulement de la salive qui facilite la digestion.

Si vous avez une mère-chien avec des chiots, donnez-lui un grand endroit pour dormir ; sec et confortablement chaud en hiver, sec et frais en été. Les chiots doivent apprendre à boire dès que possible après l'âge de six semaines. Le lait concentré évite d'avoir à brûler le lait de vache. Celui qui est utilisé doit être donné chaud ; jamais chaud ni froid. Les chiots apprendront à manger plus rapidement si la mère est éloignée pendant environ une heure avant de lui proposer de la nourriture. Augmentez progressivement la durée de son absence jusqu'à ce qu'elle ne passe que les nuits avec ses bébés et le sevrage se fera sans problème.

Pour prévenir les vers, le seul grand problème qui attaque tous les chiens, donnez à la mère une dose de vermifuge trois ou quatre semaines avant l'arrivée des bébés, et donnez aux bébés de très petites doses à l'âge de trois semaines, six semaines et neuf semaines. semaines. Passé ce délai , je me contente de lait aigre et d'une dose occasionnelle d'huile de ricin.

Le cambriolage doit être effectué dès que les chiots commencent à courir. Ne laissez jamais un chiot seul dans une pièce, car une erreur en entraîne d'autres. Soyez vigilant, et dès qu'un chiot commence à s'agiter ou à courir, mettez-le dehors ou dans une boîte contenant de la sciure de bois. Patience et persévérance sont nécessaires au début, mais dans deux ou trois semaines la leçon sera parfaitement apprise, surtout si les horaires de sortie des chiens sont strictement respectés.

Les vieux chiens, dont l'éducation à cet égard a été négligée, peuvent apprendre de bonnes habitudes s'ils sont nourris à des heures régulières, le dernier repas au plus tard à trois heures de l'après-midi, l'exercice du soir étant reporté jusqu'à huit heures environ, après quoi ils devraient être attachés à la boîte ou au panier qui leur sert de lit par une chaîne n'excédant pas deux pieds de long. Libérez tôt le matin et sortez immédiatement. Ils comprendront bientôt la discipline des horaires forcés, car la proximité de leur lit appelle leur instinct naturel à leur secours. L'habitude une fois formée, elle prévaudra lorsqu'on lui permettra de dormir dans n'importe quelle partie de la maison.

Je ne crois pas beaucoup au bain des chiens de toute sorte ou de toute taille, car cela prive la peau de l'huile naturelle nécessaire pour nourrir les cheveux et les maintenir en condition. Le brossage, cependant, est tout à fait nécessaire, surtout en été, lorsque les puces peuvent être présentes, et il est bon de commencer tôt dans la saison en frottant un peu de bonne poudre d'insecte dans les cheveux, puis après environ une demi-heure de les brosser soigneusement. .

Les petits chiens délicats aux poils longs peuvent se faire frotter une fois par semaine avec un mélange d'huile de noix de coco et d'huile d'amande douce et les brosser à nouveau.

Si un accident rend le lavage inévitable, placez le chien dans une petite baignoire à moitié remplie d'eau tiède, frottez du savon blanc sur une brosse à chair et brossez du centre du dos avec des mouvements droits jusqu'au bout des poils de chaque côté. Prenez les pattes avant dans votre main gauche, en laissant le chien se tenir sur ses pattes arrière, et brossez du cou vers le bas pour nettoyer le dessous du corps. La tête devrait venir en dernier. Lavez d'abord les oreilles en faisant attention à ne pas laisser couler l'eau. Relevez le nez et lavez le haut de la tête et les côtés du visage, afin que l'eau coule vers l'arrière et non dans les yeux. Enfin , lavez la muselière en faisant très attention au savon. Rincez dans deux eaux claires, puis enveloppez le corps dans une serviette chaude pendant que vous essuyez le visage et l'intérieur des oreilles.

Lorsqu'il est à moitié sec, laissez-le se secouer, mais faites attention à ce qu'il ne s'échappe pas sous un meuble et ne roule pas, comme il essaiera probablement de le faire. Badigeonner jusqu'à ce qu'il soit bien sec, en frottant un peu d'huile sur les poils, à la fin du pansement.

Traitez votre chien à tout âge avec bienveillance. Soyez patient et ferme avec considération, en vous rappelant que vous devez gouverner par l'affection et le respect. Ne vous inquiétez pas et ne vous inquiétez pas tout le temps. Soyez à la fois le compagnon de jeu et le maître de votre chien, et il deviendra bientôt un protecteur intelligent et fidèle.

Les chats peuvent être gardés dans une maison en ville avec moins de problèmes que les chiens, car ils n'ont pas besoin d'être emmenés pour faire de l'exercice, un devoir auquel on ne peut se soustraire avec M. Dog. Les chats sont au moins autant nécessaires dans les maisons de banlieue ou de campagne que les chiens. Le maître de maison peut généralement se prémunir contre les cambrioleurs rarement rencontrés, mais aucune vigilance humaine n'est assez adroite pour lutter contre les voleurs de garde-manger à quatre pattes, et une ferme doit avoir une tribu de félins de bonne taille pour éviter les pertes dans la grange, le poulailler. et une crèche de maïs.

Les chats bien élevés sont tout aussi bons chasseurs que les chats ordinaires, il est donc sage pour le foyer autonome de garder des chats aristocratiques pour la maison, car il n'y a aucune raison de faire violence à vos sentiments lorsque les chatons arrivent, car ils peuvent toujours être vendus à des prix assez intéressants.

Dans la dépendance nous gardons des maltais et de très grands noirs. Nous avons tellement de demandes pour les Maltais et les Noirs que même les mères plébéiennes sont autorisées à garder un ou deux chatons de chaque portée, car avoir des enfants à nourrir est un grand stimulant pour les penchants de chasse de Mme Chat.

Compte tenu du service que les chats rendent à l'humanité en contrôlant les nombreuses variétés de rongeurs qui abondent dans les villes aussi bien que dans les campagnes, ils devraient être les petits animaux les plus prisés et les plus soignés que nous ayons au lieu des plus maltraités.

Il semble y avoir une idée répandue mais erronée selon laquelle les chats ne sont ni affectueux ni sociables. Traitez un chat comme vous le feriez avec un chien intelligent et il se comparera si favorablement que M. Dog devra être extrêmement doué pour conserver sa supériorité.

Les chats d'extérieur devraient avoir beaucoup de lait frais le soir et le matin lorsque les vaches sont traites, non seulement comme nourriture, mais aussi pour contrecarrer l'effet nocif du nombre de souris qu'ils mangent. Le lait nouveau est riche en graisses crèmes et agit comme un antidote au poison contenu dans le fiel des souris. Deux fois par semaine, nous leur donnons à manger de la viande crue, avec os, si nous pouvons obtenir suffisamment d'os, car même les chasseurs de rats doivent être bien nourris, sinon ils manquent de vitalité pour chasser.

Ayant beaucoup d'exercice et étant capables de trouver de l'herbe et des herbes pour eux-mêmes, les chats de grange sont généralement des créatures normales et en bonne santé, et n'ont besoin que de peu de régime ou de soins médicaux de la part de leurs propriétaires, mais ils devraient toujours avoir un endroit chaud et agréable pour dormir.

Le chat domestique des villes mène une vie tellement semi-artificielle qu'il a besoin de plus de soins. Le lait qui a reposé plusieurs heures et qui a été écrémé n'est pas un aliment particulièrement bon. Il doit être ébouillanté et laissé refroidir avant d'être donné aux chatons.

Les gens pensent rarement à fournir de l'eau aux chats, mais ils la préfèrent vraiment au lait et en boivent une quantité surprenante lorsqu'un plat est conservé dans un endroit régulier. Les pommes de terre devraient être aussi strictement taboues dans l'alimentation des chatons que dans celle des chiots . Habituez un chat à manger des céréales ou du pain et du lait le matin.

Nos chats domestiques ont toujours une petite tranche de lard gras lorsqu'il est coupé pour le petit-déjeuner, et je suis sûr que la graisse et le sel sont d'utiles mesures préventives contre les vers. A midi, ils ont du foie ou du bœuf mijoté avec des oignons et tous les légumes verts que nous pouvons avoir ; pour le souper, une soucoupe de lait.

Il est très facile d'apprendre à un chaton à être propre si vous faites preuve de vigilance au début et si vous lui fournissez une boîte ou une casserole peu profonde à moitié remplie de cendres ou de sciure de bois. Une chose que doit comprendre la gouvernante de la ville dont l'animal dépend entièrement du box est que celui-ci doit être vidé régulièrement, au moins une fois par jour et, si nécessaire, deux fois. Si vous le négligez, l'instinct de propreté de l'animal sera offensé et il choisira un endroit pour lui-même, tombant ainsi dans des habitudes désordonnées.

ÉLEVAGE DE CANARIS POUR LE MARCHÉ

LES CANARIS sont de petites créatures chères et fascinantes à élever, et aucune condition particulière d'élevage ne peut être réalisée avec succès dans un espace limité. La femme la plus exigeante ne peut s'opposer à s'occuper de quelques familles. Un mâle et deux femelles formeront un troupeau rentable. L'oiseau mâle doit être sélectionné pour sa voix, quelle que soit sa couleur ou sa forme. Les deux autres pigeons, au contraire, devraient être sélectionnés pour ces mêmes qualifications. Le mâle doit être plus foncé et de couleur plus foncée que la femelle. En fait, les oiseaux mâles, avec du vert sur les ailes et la tête, accouplés avec des femelles pâles, produisent les petits les plus colorés . Ne laissez jamais deux oiseaux à nœud supérieur s'accoupler, car, curieusement, la progéniture aura généralement la tête chauve ou déformée. Une cage d'élevage avec des compartiments séparés coûte au moins 4 $, mais une très bonne cage peut être fabriquée à la maison à partir de produits secs vides ou de boîtes d'épicerie. Bien sûr, il doit être bien fait et lisse, sinon cela pourrait blesser les oiseaux. Il n'est pas conseillé de peindre, mais il est conseillé d'effacer les surfaces rugueuses avec du papier de verre grossier. Retirez le couvercle et un côté de la boîte. Laissez le bas, un côté et les extrémités intacts. Tournez la boîte pour que le côté restant devienne le fond de la cage . Ensuite, prenez un morceau de tôle de zinc, coupez les coins et retournez-les tout autour pour former un plateau d'un pouce de profondeur. C'est pour s'adapter à l'intérieur de la cage. Le tissu galvanisé à mailles carrées est le meilleur pour la façade et le dessus. Fixez-le à l'arrière, aux extrémités et à l'avant avec des punaises, en laissant un espace en bas devant pour que le plateau puisse se glisser en dessous. Placez une cloison au milieu de la cage, avec une petite porte à l'intérieur. Une porte est également nécessaire dans chaque compartiment. Les plats ordinaires de graines et d'eau ne peuvent pas être améliorés par des appareils ménagers, alors ajoutez-les à la liste achetée.

Deux demi-coquilles de noix de coco, ou petites boîtes, doivent être accrochées à l'extrémité ou à l'arrière de chaque compartiment comme base du nid. Couvrez le fond du plateau d'une épaisse couche de gravier pour oiseaux et suspendez les matériaux nécessaires à la construction du nid dans chaque compartiment. De la mousse séchée, des morceaux de coton brut ou du foin court et fin conviennent tous. Le matériau pour une cage de trois pieds de long, dix-huit pouces de haut et de profondeur ne coûtera qu'un dollar, donc la cage faite maison, en plus d'être économique, a l'avantage de la taille, ce qui signifie beaucoup dans une cage d'élevage, car cela permet aux oiseaux beaucoup plus d'exercice.

Mettez une femelle dans chaque compartiment, afin qu'elles s'habituent l'une à l'autre. En une semaine environ, la porte de la cloison peut être ouverte et les deux oiseaux ont laissé la liberté aux deux compartiments. Pendant cette période, l'oiseau mâle doit être gardé dans sa propre cage et dans une autre pièce. Durant ces étapes préliminaires, qui devraient durer de trois à quatre semaines, les trois oiseaux doivent disposer chaque matin, en plus de leur alimentation habituelle, d'un petit plat de purée, composée d'œuf dur haché très fin et de chapelure rassis, et de l'avoine décortiquée moulue (pas de flocons d'avoine ou de flocons d'avoine), à parts égales de chacun, juste humidifiée avec du lait échaudé et, bien sûr, laissée refroidir avant d'être donnée aux oiseaux.

Une fois que les deux femelles sont en bons termes, amenez la cage de l'oiseau mâle dans la pièce et suspendez-la devant la cage de reproduction, et hors de vue, si possible. La curiosité sera éveillée et les oiseaux passeront la plupart de leur temps à se parler et à s'efforcer de se voir. Une semaine plus tard, fermez la porte de la cloison en laissant une femelle dans chaque compartiment. Mettez les deux cages à niveau ; deux ou trois jours plus tard, ouvrez la porte d'un compartiment et la porte de la cage de l'oiseau mâle en les rapprochant l'une de l'autre. Il commencera bientôt à entrer et sortir de la cage d'élevage, et dans un jour ou deux, sa cage pourra être retirée. Une fois que la poule a commencé à s'asseoir, ouvrez la porte de la cloison et laissez le mâle entrer dans le deuxième compartiment. Lorsque la deuxième poule commence à s'asseoir, la porte du compartiment peut rester ouverte en permanence, car il y a peu de crainte de combats entre les oiseaux, et le mâle partagera son attention entre les deux familles, aidant à nourrir et à prendre soin des oisillons. .

Une attention particulière est nécessaire pendant la période d'incubation, car les œufs de ces petits chanteurs sont extrêmement fragiles, et un bruit fort auquel ils ne sont pas habitués, même le claquement d'une porte, les trouble parfois . Une lumière trop vive est également gênante, donc un morceau de feutrine verte épinglé autour du coin de la cage donnera un sentiment d'isolement qui gardera l'oiseau tranquille et heureux. Ne laissez rien les inquiéter ou les déranger en position assise.

Quatorze jours après la ponte du premier œuf, les petits apparaissent. Ces minuscules créatures sont une grande déception pour ceux qui les voient pour la première fois. Les poussins et les canetons sont adorables dès qu'ils sortent de leur coquille ; mais un jeune canari est dépourvu de plumes, aveugle et possède le cou le plus long qu'on puisse imaginer. En peu de temps, cependant, il se transforme en une boule de duvet dorée et son manque d'attrait initial est oublié dans l'admiration.

Continuez à leur donner de la purée, mais une fois les petits éclos, nourrissez-les nuit et matin. Ajouter les graines de colza bouillies quelques minutes puis rincées à l'eau froide. Les yeux des oisillons s'ouvrent vers le sixième jour. Après le treizième jour, ils commenceront à se nourrir de la manière la plus indépendante possible. Lorsque les couvées ont un mois, retirez-les dans une autre cage. Ils commenceront alors à perdre leur première récolte de plumes et devront être soigneusement protégés des courants d'air, de peur qu'ils ne prennent froid. À la fin de cette première période de mue , vous pouvez savoir comment les jeunes vont se développer, tant au niveau de la forme que du chant.

La mère oiseau commence généralement à construire un deuxième nid lorsque les bébés du premier ont environ quatorze jours, entretenant parfois cette double famille de février à juin ; de sorte qu'avec de bons oiseaux, on peut compter sur huit couvées de deux femelles, avec une moyenne de seize oiseaux mâles. Si le dresseur, c'est-à-dire l'oiseau qui apprend à chanter aux petits, est un bon chanteur, les mâles devraient apporter deux dollars chacun à l'âge de seize semaines.

Les jeunes femelles peuvent, avec un peu de patience, être dressées et enseignées des tours qui les feront valoir autant ou plus que leurs frères, qui n'ont qu'une voix pour les recommander ; mais si l'on néglige l'éducation des femelles, elles ne valent pas plus de cinquante cents pièce, à moins qu'elles ne soient gardées jusqu'à l'âge de la reproduction. Les cages doivent être tenues scrupuleusement propres, avec beaucoup de sable sur le sol. Habituez les oiseaux à recevoir un plat de bain pendant un certain temps chaque matin. Si les pattes semblent sales ou si les ongles sont trop longs, prenez l'oiseau fermement, mais doucement, dans votre main et maintenez les pattes dans de l'eau et du savon tièdes, pour enlever toute la saleté et ramollir les ongles, dont les pointes extrêmes peuvent être coupé avec une paire de ciseaux fins et pointus. Prenez garde à ne pas dépasser ou trop près de l'extrémité, l'extrémité du nerf que l'on voit traverser la partie supérieure de l'ongle ; car si vous le faites, cela sera douloureux pour l'oiseau, comme le serait une coupure dans le vif de votre ongle. Si vous êtes un véritable amateur d'oiseaux et que vous avez du temps et de la patience, vous pouvez habituer un troupeau à votre présence jusqu'à ce qu'il vous laisse aller parmi eux dans une salle de vol et les manipuler à votre guise ; car ce sont naturellement de petites créatures très affectueuses et douces, aussi enjouées qu'un chaton. Un chanteur solitaire se sentira négligé et solitaire à un degré pitoyable, mais réagira aux caresses aussi facilement qu'un enfant. Un canari du stock général d'un magasin d'oiseaux est timide et réservé au début, mais établira bientôt des relations amicales entre lui et son propriétaire.

LE CÔTÉ COMMERCIAL

POUR que la maison soit rentable, il faut instaurer un système de comptabilité, aussi simple soit-il, et il faut également faire preuve d'ingéniosité en matière de marketing. Profitez des longues soirées pour commencer des livres et planifier au mieux l'élimination des produits excédentaires. À moins de savoir combien coûte l'élevage de chaque animal et quels bénéfices vous en tirez, vous ne pouvez pas être sûr du montant réel de vos bénéfices. Je sais à quel point la plupart des amateurs détestent être liés aux réalités d'un bilan avec ses froides données sur ce qu'il en coûte pour produire telle ou telle chose ou autre chose. Mais l'expérience m'a appris que c'est le point crucial et qu'il faut le vérifier. Vos comptes n'ont pas besoin d'être élaborés, mais ils doivent être clairs et précis. Établissez un système simple de comptabilité et, une fois que vous avez surmonté les préjugés et franchi le pas, il est vraiment gratifiant de savoir, avec certitude, si les choses rapportent vraiment ou non.

La première étape vers l'ordre général consiste à tenir des registres des animaux individuels ou des troupeaux, selon le cas, ainsi que des récoltes de la ferme et du jardin. Donnez un nom ou un numéro à chaque animal, et si vous vous lancez dans un élevage intensif, ayez un livre pour chaque variété. Si seulement deux ou trois animaux doivent être gardés, un registre général fera l'affaire. Chaque champ et prairie doit être nommé ou numéroté, et un livre consacré aux travaux effectués sur chacun.

La volaille a également besoin d'un livre spécial ; les dépenses aussi .

Mon projet est de placer en tête d'une page du registre des bovins le nom ou le numéro de l'animal ; date de naissance ou d'achat, avec prix ; suivi de la date de reproduction, à qui, à la date d'échéance, la date réelle de l'événement, le sexe de la progéniture et le nom ou le numéro qui lui a été attribué. Sur la page ci-contre, si l'animal est une vache, la quantité de lait qu'elle donne, une semaine après le vêlage, et à raison d'une mesure tous les mois jusqu'à ce qu'on cesse de la traire. Le lait est testé pour les matières grasses du beurre une fois tous les trois mois et le résultat est enregistré.

Le registre des porcs et des moutons n'est pas aussi élaboré, car, bien entendu, il ne s'agit que de la reproduction et de l'arrivée de la progéniture. Pour les volailles, le nombre d'enclos est en tête de page, suivi du nombre d'oiseaux qu'ils contiennent, des numéros individuels et, sur la page opposée, du nombre d'œufs ramassés chaque semaine.

Le livret d'alimentation contient la quantité de céréales, etc., utilisée pour chaque variété de stock.

Le livre de ferme est tenu de la même manière, le numéro du champ étant en tête de page ; puis, une fois labouré ; comment et dans quelle mesure fécondé ; avec quelle variété de graines semées ; nombre de fois cultivées, date de récolte et quantité de la récolte.

Sur la page opposée, au crayon, se trouvent des suggestions de cultures dérobées et de rotation pour les plantations principales sur une période de cinq ans. De petits blocs-notes munis de crayons sont accrochés dans chaque stalle ou enclos de chaque dépendance, et les événements sont notés au fur et à mesure qu'ils se produisent, afin qu'il n'y ait aucune chance d'oublier ou de mélanger les choses. Chaque samedi, les feuilles sont arrachées des blocs et amenées à la maison, pour que les éléments soient transférés dans les différents livres. Cela ne prend pas une demi-heure chaque semaine pour faire le travail de bureau, et cela évite d'innombrables erreurs et accidents, en plus de fournir la preuve de la valeur relative de chaque animal et de chaque parcelle de terrain.

D'un côté du livret de dépenses, tout l'argent dépensé est inscrit ; de l'autre, tous les argents reçus. Un solde est établi chaque mois et transféré dans un grand livre général, qui, à son tour, est équilibré une fois par an.

Une autre chose qu'il faut comprendre est que tous les bénéfices ne doivent pas être considérés comme un bonus destiné à être utilisé pour le plaisir personnel. Une partie de tous les fonds reçus devrait être mise de côté comme fonds de roulement, sinon l'amélioration et l'extension seraient tout simplement impossibles.

Commercialiser avantageusement des produits pour la maison est d'une importance primordiale et semble être le point sur lequel de nombreux débutants échouent. Il ne faut pas avoir recours aux commissionnaires et aux marchés de gros, car les produits locaux de toutes sortes excellent en qualité et non en quantité ; faites donc appel à une clientèle privée haut de gamme, qui désire le meilleur, quel que soit le prix.

Je n'ai jamais vendu par l'intermédiaire des canaux ordinaires du marché, mais j'ai toujours eu plus de commandes que je ne pouvais exécuter et j'ai reçu un peu plus que les prix ordinaires. Naturellement, l'emplacement de la maison et la qualité des marchandises doivent influencer les retours dans une certaine mesure, mais pas autant que la méthode d'emballage et d'expédition. La subtilité à cet égard attire la faveur des clients et ils sont fiers d'exposer des choses à leurs amis, ce qui est la meilleure sorte de publicité qu'une entreprise à domicile puisse avoir.

Quand j'ai atteint le point où je savais que je pouvais compter régulièrement sur un certain nombre d'œufs, j'ai écrit à un ami médecin de la ville et lui ai dit que je pouvais promettre de livrer six douzaines d'œufs strictement frais deux fois par semaine pendant toute l'année, au prix uniforme de quarante-cinq cents la douzaine ; les clients paieraient les frais express, qui seraient de vingt-cinq cents sur six douzaines. (Les compagnies express renvoient gratuitement les colis vides.) En un mois, il avait trouvé pour moi quatre clients, qui en prendraient chacun deux douzaines par semaine, la boîte à livrer chez lui, où les trois autres clients devaient appeler tous les samedis. et mercredi.

Tous les poulaillers vendent des caisses en bois avec des plateaux divisés, conçus pour contenir trois, six ou douze douzaines d'œufs, pour environ deux dollars pièce. Avant la fin de l'année, chacun des trois autres clients avait intéressé un ou deux amis, de sorte que trois six douzaines de cartons étaient expédiés trois fois par semaine, et l'hiver suivant, j'avais des commandes des mêmes personnes pour du beurre et de la volaille de table. .

De cette façon, mon marché s'est développé, tout comme mon stock, et je n'ai jamais eu à me soucier d'un excédent. Bien sûr, je réalise qu'il y a une part de chance dans le fait d'avoir un médecin pour ami, mais quand il n'y a pas de bon Samaritain pour vous créer une clientèle, l'énergie y parviendra sûrement ; car chaque femme de ménage aspire à recevoir de bonnes spécialités de table fraîchement livrées et qui n'ont pas traversé une douzaine de mains.

Je connais une femme qui a obtenu son premier client en écrivant des notes personnelles à des femmes de premier plan dans une ville voisine, dont elle a obtenu les adresses dans un annuaire. Sur vingt lettres, elle reçut deux réponses, mais elles devinrent toutes deux des clients réguliers et des amis recommandés.

Un autre exemple d'effort personnel a pris la forme de visites chez des médecins et des ecclésiastiques. Une autre femme encore incitait la modiste à la mode de sa ville à solliciter les commandes de ses clients et payait cette faveur avec des œufs et du beurre.

Une manière plus impersonnelle de gagner des clients serait de s'arranger avec une ou deux pharmacies ou papeteries bien situées pour exposer de grandes cartes portant des avis sur les choses à vendre et votre adresse ; mais bien sûr, il existe des dizaines de façons de trouver des clients. La publicité dans les journaux constitue une dernière ressource, mais les méthodes strictement personnelles sont les meilleures.

Maintenant à propos de l'emballage. Les œufs ne doivent jamais avoir plus de deux jours et doivent être triés en lots de couleur et de taille uniformes. Si les œufs sont souillés par temps boueux, essuyez-les avec un chiffon humide dès qu'ils sont ramassés, afin que la coquille ne soit pas tachée de façon permanente.

Pour les clients privés, les oiseaux de table doivent être particulièrement engraissés et cueillis à sec, ce qui signifie que les plumes sont enlevées dès que l'oiseau est tué, sans qu'il soit plongé dans l'eau bouillante. Comme l'échaudage altère la saveur , les oiseaux ainsi habillés ne sont acceptés que sur les marchés de troisième classe.

Une fois que les plumes et les plumes d'épingle ont été retirées, l'oiseau doit être dessiné, lavé à l'eau froide, essuyé bien à sec, un morceau de charbon de bois ou d'oignon pelé placé à l'intérieur du corps puis ligoté, car ils ont l'air tellement plus attrayants que lorsqu'il est expédié dans un état tentaculaire.

Dessiner et habiller pour le marché n'est pas une habitude de commercialisation générale dans ce pays, mais c'est universel en Europe, et les clients privés apprécient toujours l'amélioration qu'une propreté aussi stricte apporte nécessairement au goût . Enveloppez chaque oiseau dans un carré de gaze neuve. Disposer quelques brins de persil, de thym et de sarriette d'été d'un côté, pour le confort du cuisinier ; Ensuite, mettez un emballage extérieur en papier blanc et attachez-le avec une ficelle propre et fraîche. Les choses provenant d'une maison devraient avoir l'air délicates.

N'essayez pas d'envoyer du beurre par express à moins que vous n'ayez suffisamment de commandes pour que cela vaille la peine d'acheter l'un des paniers réfrigérés qui sont maintenant utilisés pour les automobiles. Un panier qui coûte environ quatre dollars peut contenir cinq ou six livres de beurre, ce n'est donc pas une dépense très importante quand vous pouvez obtenir quarante-cinq cents la livre pour votre beurre. Lors de la confection des paniers de fruits et légumes, utilisez de petites corbeilles à raisins pour répartir les différentes variétés. Tapissez-les de feuilles vertes. Emballez tout avec soin et rejetez tout ce qui n'est pas en parfait état. Ne laissez rien interférer avec le calendrier d'expédition prévu. Gagnez une réputation d'excellence et de ponctualité uniformes, et le succès est assuré.

LA FIN

www.ingramcontent.com/pod-product-compliance
Lightning Source LLC
LaVergne TN
LVHW042158190726
843493LV00006B/1728